图小灵的信息世界奇幻之旅

拯救罗布计划

王锐 刘剑 /著

康与缨（康托耶夫）/绘

机械工业出版社
CHINA MACHINE PRESS

本书是一本关于人工智能与深度学习的科普小说。故事从小学生图小灵调查 AI 机器人罗布意外伤人事件开始，深入探索了充满逻辑与数据的 AI 虚拟空间。通过与罗布对话，图小灵逐步了解了机器学习、神经网络、自注意力机制、生成对抗网络等核心技术，并成功用这些知识揭开了罗布伤人事件的真相。最终，他帮助罗布澄清了误会，为人们展现了 AI 技术的潜力与局限。

本书整体风格生动有趣，兼具科普性与故事性，主要面向小学高年级和中学阶段的青少年读者，以及其他对人工智能感兴趣的读者。

图书在版编目（CIP）数据

拯救罗布计划 / 王锐，刘剑著. -- 北京：机械工业出版社，2025.8. --（图小灵的信息世界奇幻之旅）.
ISBN 978-7-111-78670-2

I. TP18-49

中国国家版本馆 CIP 数据核字第 2025W59F41 号

机械工业出版社（北京市百万庄大街 22 号 邮政编码 100037）
策划编辑：苏 洋　　　　　　　　　责任编辑：苏 洋
责任校对：张勤思 马荣华 景 飞　　责任印制：李 昂
北京利丰雅高长城印刷有限公司印刷
2025 年 8 月第 1 版第 1 次印刷
170mm×240mm・14.75 印张・170 千字
标准书号：ISBN 978-7-111-78670-2
定价：79.00 元

电话服务　　　　　　　　　　网络服务
客服电话：010-88361066　　　机 工 官 网：www.cmpbook.com
　　　　　010-88379833　　　机 工 官 博：weibo.com/cmp1952
　　　　　010-68326294　　　金 书 网：www.golden-book.com
封底无防伪标均为盗版　　　　机工教育服务网：www.cmpedu.com

虚拟现实从娃娃抓起
把中国建成科技强国
王锐刘剑 继续加油

刘烈林
2023.12.5

前言

在开始创作本书的时候,科技工作者们还在惊叹于 ChatGPT 的横空出世,而在本书成稿时,DeepSeek 等优秀的国产大模型已经席卷了全世界。从智能家居到自动驾驶,从智能助手到医疗诊断,无数人开始激动地涌入科技最前线,兴奋地探索着 AI 大模型应用的无限可能。

本书是"图小灵的信息世界奇幻之旅"系列的第二部科普作品。和第一部《灵境奇遇》不同,这一次我们不仅想要将 AI 技术的基础知识和发展历程原原本本地呈现给读者,更想探讨一个略显沉重却无法回避的问题:当 AI 开始被赋予越来越强大的能力时,技术将如何影响我们的社会?技术永远是中立的,但技术的进步并非没有阴暗面。如何使用技术,这是一个关乎伦理和道德的问题。

本书中的主角"罗布"也许并不是最出色的人工智能助手,至少她的数学能力比起如今各种优秀的大模型产品要差出一大截。但是罗布在与人类的不断沟通和互动中,能够逐渐展现出类似人的情感,这也确实是目前的 AI 技术不能做到的。从这一点上来说,本书更像是一本科幻小说。也许这是来自作者的一种情感寄托:我们希望 AI 与人的未来,不应该只是一个冰冷的世界,而应该充满温暖,充满爱。

感谢"实验编程"社区的朋友们为我们提供的技术支持和剧本设计建议,作为国内硬核的 AI 和交互技术学习社区,这里可谓是我们的灵感源泉。感谢每一位认真阅读过原稿、耐心提出意见,并为本书撰写推荐语的老师。感谢在本书写作及统稿过程中给予帮助和支持的各位好友。感谢我的家人和孩子，他们是本书尚未问世时的第一批读者，给予我继续前进的力量。

本书的插图创作流程和之前有很大差别，风格也有很大变化（如下图所示）。这得益于AI"文生图"和"图生图"技术的飞速发展，也得益于各种国产大模型厂商的不懈努力和开放态度。本书的主要角色均由康托耶夫老师使用Blender软件进行建模和姿态设置，然后输出到AI工作流中进行处理完成。

本书的插图创作主要运用了字节跳动公司的"即梦AI"开放创作平台、摩尔线程公司的"摩笔马良"开放绘画平台，以及Lexica云端AI绘画创作平台。此外，在本书的写作过程中，为了理解AI对一些情感问题的回应方法，我们还模拟书中的人物向月之暗面公司的KiMi平台提了不少问题。在这里，我们向这些优秀的人工智能平台和它们背后的开发者们致敬。

我们期待读者们的反馈，也希望以后能为大家带来更多更有趣、也更有深度的科普作品！

王锐　刘剑
2025年3月1日

角色小传

图小灵
头脑聪明、个性要强的高年级小学生，喜欢独树一帜，更喜欢逞能和冒险，当然也有贪玩和不听话的小毛病。小灵的爸爸是工作繁忙的程序员，但是总能给小灵带来一些小惊喜；妈妈是个严肃爱唠叨的中学老师，对小灵的生活和学习十分上心。

老罗
人工智能企业诺亚的技术研究人员，他和小灵的爸爸是无话不谈的好朋友。他花费十多年时间研究人工智能技术，并开发了 AI 大模型智能体罗布。为人忠厚老实，不善交际。

罗布
神秘的 AI 少女，从老罗发明的 AI 大模型智能体中幻化而来。她只存在于软件的核心中，以 AI 智能助手的身份出现。她拥有"召唤人格"和"替换人格"的神奇力量，可以模拟历史上的名人。

刘总
人工智能企业诺亚的副总裁，主管市场运营。为人严厉、刻薄且富有野心，觉得科学技术只是赚钱的工具。他不甘心只作公司的副手，想将诺亚公司据为己有，从而获取源源不断的财富。

目录

前言
角色小传

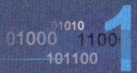
恶意的开端　　1

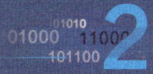
老罗与罗布　　7
2.1　在路上　/ 8
2.2　不太理想的初印象　/ 14
2.3　无聊的大人们　/ 20
2.4　机房里的意外　/ 27

人格替身　　32
3.1　上学助手　/ 33
3.2　罗布的课堂 1　/ 39
3.3　罗布的课堂 2　/ 46
3.4　现眼的一天　/ 52

4 语出惊人　　**58**

4.1　预处理的奥妙　/ 59

4.2　文字的维度　/ 65

4.3　大脑的工作原理　/ 72

4.4　新人格登场　/ 79

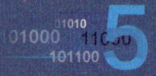

5 密织罗网　　**85**

5.1　一切顺利　/ 86

5.2　离谱的错误　/ 94

5.3　为数学而苦恼　/ 102

5.4　诺亚的计划　/ 108

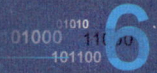

6 全神贯注　　**115**

6.1　直面科学家　/ 116

6.2　自注意力　/ 122

6.3　巧舌如簧　/ 128

6.4　阴霾重重　/ 135

7 如影随形　　**142**

7.1　命该如此　/ 143

7.2 具身智能 / 148

7.3 浑浑噩噩 / 154

7.4 小灵的理由 / 159

8 锲而不舍 165

8.1 自证清白 / 166

8.2 夹缝中的可能性 / 172

8.3 扩散与生成 / 179

8.4 千军万马 / 185

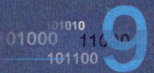

9 针锋相对 192

9.1 科学与伦理 / 193

9.2 最后关头 / 199

9.3 对决 / 205

9.4 尘埃落定 / 209

10 父与子 214

附录 图小灵小课堂 218

恶意的开端

在一个炎热夏日的星期五下午，最后一节课的下课铃昏昏沉沉地响起。图小灵忙不迭地拎起书包，和相熟的同学们打了个招呼，便急匆匆地冲出教室，朝着家的方向一路狂奔。连续多日的高温令人焦躁，小灵庆幸自己熬过了这艰苦的一周，老师也大发慈悲地没有布置多少作业，终于迎来了梦寐以求的周末，是时候奖励辛勤学习的自己了！小灵心里盘算着，如果能让爸爸和妈妈带自己去新开业的水上乐园好好地玩一天，那就再好不过了。

小灵三步并作两步地冲到家门口，隔着门却传来了爸爸妈妈争执的声音。小灵小心翼翼地把耳朵贴在门上听着，心也一下子揪了起来。

"你就不能单独带孩子几天吗？这是我们的孩子，又不是我专属的！"妈妈的声音急促并且不容置疑。

"可是，我得工作啊，这每天又接又送的……"爸爸慢吞吞地解释道。身为程序员，爸爸每天工作十分辛苦，经常早出晚归，日常也是沉默寡言，只是处事风格让人感觉有些懦弱。不过爸爸经常会给图小灵带来一些小惊喜，比如小巧精致的电子玩具、精彩纷呈的漫画书，或者讲解科学知识的网络视频。这些"影响学习的破烂儿"经常让严肃的妈妈怒火中烧，却也让小灵充满期待。

"我爸最近腰不好，我得陪他去医院看看，大概得住院几天，你妈最近也回老家去了，这不都是客观事实吗。你工作再忙，也不能不管孩子啊！"小灵能听出来妈妈的忍耐已经快要到极限了，但还是在耐心地解释这一"突发事态"的原因。

"行吧，行吧，我跟我老板说说，周六我带着他。"爸爸极不情愿地答应着,"但是这周日怎么办,我肯定得去看望老罗的。"

"你怎么这么多借口啊!"妈妈终于爆发了,"孩子你不管,还要去管别人的闲事?要去你也是带着小灵一起去。摆手也没用!你要去看望的那个朋友老罗,搞什么人工智能还是机器人的,他也是程序员吧。真是不知道该说什么好,每次听说有什么事,都是你们这些人背黑锅!"

妈妈气得唠叨个不停。门外的图小灵则想着:爸爸的朋友老罗?人工智能和机器人?程序员的聚会?小灵的好奇心被激发起来了。他一边敲门一边大声喊叫起来:"开门,开门!我也要去,我要和爸爸去见老罗!"

爸爸带着无可奈何地苦笑开了门:"你捣什么乱啊。爸爸是去谈工作上的事情。"

"谈什么工作的事情,周末了懂不懂!"妈妈余怒未消的声音从屋里传出来。

"就是,周末了,要谈我也去谈!"图小灵趁机起哄道。

"唉，你们啊，根本不知道轻重缓急。"爸爸有点绷不住了，不过他的语气还是一如既往的沉缓，让人感受不到什么怒气。"罗叔叔的公司出事了，我们是多年的好朋友，肯定得去问候一下。你一个小孩子去了能有什么用啊。"

"出事了？"小灵好奇地歪着脑袋，"那也是人家公司的事吧，爸爸你去了也没用啊。"

"唉，所以说你们什么都不懂。"爸爸使劲儿地摇了摇头，掏出手机来开始搜索。妈妈此时也走到了门口，看到爸爸居然在小灵面前玩手机，正要发作，却见爸爸已经调大了手机外放音量，并把屏幕转了过来。

图小灵和妈妈不约而同地把脑袋凑到了手机屏幕前，屏幕里正在播放一段网络新闻，一位正装打扮的播音员播报着最新消息："作为一家新兴的人工智能科技企业，诺亚公司一直在不断推出新的 AI 理念和产品，该公司的发展前景和价值也一直受到投资者的关注。今天下午，在诺亚公司的杨总向全球直播介绍新款 AI 大模型协作机器人'罗布'时，突发事故，下面就让我们回顾一下事件的始末……"

AI？大模型？机器人？图小灵有些混乱地望着一脸严肃的爸爸。爸爸用手指了指屏幕，示意小灵继续看下去。

视频中出现了一个中年男性，他胖乎乎的身体被变了形的西装努力包裹着，还戴着与粗犷脸型毫不相衬的细金边眼镜。灰白的头发梳得整整齐齐，一颗长着黑毛的大痦子不合时宜地卧在嘴角边，让这位原本面色严峻的总经理先生又带有一些喜感。

此刻，杨总正在用激动而夸张的语气介绍产品。他拿了一块布满图钉的木板，上面的图钉都只钉进去一小半。他将木板举过头顶，毕恭毕敬地喊道："让我们来演示一下，未来机器人是如何工作的吧。"

"罗布，罗布！"

"我在。"一个科幻感十足的小女孩声音回答道。

画面一转，图小灵这才注意到，杨总的面前立着一个体型不小的机械臂，此时正将一个不大不小的金属锤子抓握在手爪里。看这个意思，应该是要机械臂去砸木板上的图钉吧？小灵心想，这也不能算多么高科技吧？虽然看着挺唬人的。

"罗布，给大家表演一下砸洋钉！"杨总似乎有些兴奋，声音也变得尖细起来。

"好的。"机械臂用小女孩的声音答应了一声。然后，机械臂握着锤子举过半空，但是它并没有理会图钉板，而是在杨总刚好抬起头的瞬间，朝着那毫无防备的脸，毫不犹豫地砸了过去……

"啊——"小灵和妈妈同时惊叫了一声。视频画面及时切回播音员，并没有让人们看到后续场面。播音员似乎也震惊于这个突发事件，但她很快调整了自己的状态，清了清嗓子，继续说道:"以上就是今天下午直播现场的录像回放。据悉,杨总已被送往医院抢救,目前还不省人事。至于为什么机器人会做出这种攻击人类的行为,诺亚公司的副总裁刘总已经表态,他们会全力调查这次事件的原因,并且不能排除是AI大模型的计算结果产生了变异,进而对人类产生恶意……"

播音员继续滔滔不绝地播报,最后甚至用"我们也许已经打开了潘多拉的魔盒,AI会在不久的将来反抗和毁灭人类吗?"这样的话做了结尾。图小灵有些不安地看完了整段视频,然后抬头望向同样面色凝重的爸爸。

"公司名字叫诺亚,倒是挺洋气的,机器人的名字怎么这么土,什么萝卜?"妈妈似乎对新闻里的内容满不在乎,像是在评论一场刚刚结束的电影。

爸爸摇了摇头说:"我的朋友老罗,就是这家公司的AI技术负责人,也就是罗布的创造者。这次的事件估计也没有新闻里说得那么离奇,但是不解释清楚原因的话,老罗恐怕就要成为众矢之的了。"

"噢,明白了,就是我说的背黑锅呗。"妈妈面无表情地敷衍着,转身往厨房走去,"那你星期日带着小灵一起去吧,别让他乱跑就是了。小灵啊,妈妈明天一早就回外公外婆家了,今晚我给你做一顿好吃的。"

"好的,妈妈爸爸。"图小灵迅速回答。他此刻已经对老罗和罗布充满了兴趣,早就把水上乐园抛到九霄云外了。

"嗐,行吧,行吧。"爸爸使劲儿拍了拍自己的脑袋,终于做出了妥协。

2.1 在路上

星期日的上午,睡眼惺忪的图小灵被爸爸连拉带拽地带出了门,坐上公交车,向着那家刚发生了"AI伤人事件"的诺亚公司出发了。一路上,小灵爸爸似乎心事重重,一副不想说话的样子。小灵却耐不住旺盛的好奇心,连珠炮一样地向爸爸发问。

"爸爸,最近大家总是在说 AI、AI 的,到底什么是 AI 啊?"

"AI 就是人工智能的意思。"爸爸懒散地回应。

"那什么是人工智能呢?"

"就是让计算机去学习人的能力,模拟人的智能之类的……差不多这个意思。"

"这么厉害啊!"小灵点点头,"那如果计算机自己就能学习了,也就可以自己编程序了,还要程序员干什么呢?你和罗叔叔不就可以提前退休了吗?"

"哼,那倒早得很。"爸爸咳嗽了一声,打算趁机说教一下,"机器学习也好,人类学习也好,最重要的是方法!想想你自己,你每天都去上学,有掌握什么学习方法了吗?"

"当然有啦,上课认真听讲,还有课后多做练习题!"图小灵机敏地回答道。

"是吗?那如果没有老师讲呢?就是只给你一堆书,要你自学新的知识,比如编程或者围棋,你的方法还有用吗?"

"这,这不公平吧!"小灵有些委屈,"我还是小学生呢,没有老师的话,我怎么开始学习都不知道了。"

"这不就得了。"爸爸得意地看了小灵一眼,"现阶段的AI也是这个样子,需要我们这些程序员'老师'教给它学习方法,然后再去做题强化。否则它也会和你一样变成无头苍蝇了。"

"哼,谁是无头苍蝇啊!"小灵气恼地回嘴。

"不过呢,AI可比你勤奋多了。"爸爸补充道,"它每天要做的题目,比你多成千上万道,而且从来不喊累,也不需要出去玩来放松心情和休息。"

"成千上万道,做这么多题干什么?"

"所谓做题,举例来说就是给AI看各种水果的图片,然后告诉它图中哪个是苹果,哪个是橘子。这样的题目做得越多,AI就越能理解图中水果的差异。理解以后,再给它看一张全新的图片,它就能分辨其中水果的种类了。"爸爸耐心地解释,"第一步这个做题的过程叫作'训练',也就是让AI不停地通过做题来强化自己的记忆。第二步就是学以致用了，比如要从一大堆照片里找出总共有多少个苹果、多少个橘子，这个时候AI就可以帮上我们的大忙了。"

"哼，听起来也没有什么了不起的。"小灵听出了爸爸想要趁机教育自己的弦外之音，不服气地说道，"做了这么多题，才只能认出来苹果和橘子什么的，这也就是2岁小宝宝的水平吧？"

"我只是在给你解释AI运行的基本原理，不要自以为是。"爸爸略带不满地反驳，"经过很多程序员的努力，现在的AI技术已经有了很大的发展，比如现在最新的AIGC技术，已经可以让计算机自由地和人对话，并模仿人去创作了。"

"A-I-G-C？"小灵有些费力地重复这几个英文字母。

"G就是Generated，C就是Content，这两个单词你学过吗？"爸爸有些期待地盯着小灵。小灵却连连摇头，这两个单词似乎不属于小学生必学的内容。爸爸失望地叹了口气，接着说：" AIGC简单来说，就是通过人工智能来自动生成各种内容。比如你提出一个问题，AI会自动生成一个合理的答案；或者你提出一些要求，AI能根据要求自动写一首诗或者画一幅画，而且水平都很高，绝对比你要强。"

"哼！"小灵还是不服气，"光靠你刚才说的'机器学习'，AI就能变得这么厉害？我才不信呢。"

"机器学习只是最基本的理论，真要往深了说，三天三夜都说不完，而且你也听不懂。"爸爸撇了撇嘴，说出一大堆技术名词，"这里涉及各种理论知识，包括数据采集、训练、模式识别、神经网络、预测生成等，其中最重要的是程序员开发的技术框架。你罗叔叔就是一位顶级的AI系统框架设计师，他在你这个年纪就已经开始学习编程了。"

"那又怎么样，看昨天的新闻里，不还是……"图小灵小声嘀咕了一句，看爸爸的脸色不太好看，就不敢再说下去了。

父子二人都沉默了，听着公交车的发动机声，还有广播里单调的报站声犯困。公交车继续地向着城外驶去，下车的人越来越多，渐渐车上只剩下三五个乘客。图小灵无聊地转头望向窗外，看着宽阔的马路和田地，还有偶尔掠过的房子发呆。这不就是郊区嘛，这么高科技的公司，为什么建在这么远的地方？小灵心里暗自埋怨着。

终于，小灵再次忍不住打开了话匣子，把爸爸从昏沉沉的睡梦中唤醒。

"爸爸，昨天那个新闻里说的AI大模型是什么呀？"

"啊，啊？"爸爸有些迷糊地应付道，"噢，大模型，就是有很多参数的模型。"

"什么呀,爸爸你清醒清醒好不好?"小灵使劲儿摇晃着爸爸的胳膊。

"嗯。"爸爸定了定神接着说,"首先,你知道什么是AI模型吗?"

"不知道啊,是航模那种吗?"

爸爸摇了摇头:"当然不是了。刚才我也说过,机器学习就是给AI大量的数据,比如图片之类的,然后训练它的过程,对吧?"

"对啊,这个我听懂了。"

"那么这些训练的结果要存到哪里呢?你想想,老师平时教给你的各种知识,你都存到哪里了?"

小灵思索了片刻答道:"应该是存到脑子里了吧,不过有些我记不牢的东西,也会写在笔记本上。"

"这就对了,AI也需要把它学到的东西记到脑子里或者笔记本上。这些被记录下来的东西就叫作模型。之后AI遇到类似的问题时,就会从模型中获取灵感,找到答案。"

"明白了,这样看起来,AI和人还真的有几分相似呢。"小灵点头道,"那大模型呢?难道指的是特别大的脑子和笔记本吗?"

"没有这么简单。"爸爸摸了摸下巴,"这么说吧,你是如何记忆苹果的?它和香蕉有什么区别?"

图小灵哑然失笑,这种问题实在是小儿科啊。他马上回答:"这还用问?苹果是圆圆的、红红的,个头比香蕉小一些,味道有些酸甜……"

爸爸满意地说:"说得不错。圆形、红色、大小、味道等,这些都是苹果的属性,用更专业的名词来说,每个属性都可以被称作一个参数。在看照片、看视频或是看书的时候，只要从中辨认出的参数足够多，你就会知道自己是看到了一个苹果，而不是香蕉或者别的东西。AI 也是通过类似的方法来识别内容的。"

"原来如此！"小灵有些感慨地拍了拍自己的脑袋，"没想到这里居然装满了参数这种奇怪的东西。"

爸爸补充道："传统的 AI 模型并没有太多的参数，因为它要完成的工作通常比较简单，比如识别图中的水果之类的。不过近些年来，随着技术的不断发展，人们已经可以创造出具有数十亿参数的大模型了。换句话说，AI 大模型就像一个知识超级渊博的人，上知天文、下晓地理，远不止认识苹果和香蕉那么简单。"

"好厉害啊！"小灵忍不住赞叹道，"看来我对 AI 的理解还是太浅薄了。所以你刚才说的 AIGC 也是建立在'AI 的知识超级渊博'这个基础上吧？因为本来就什么都知道，所以自己创作也不是难事了。"

"嗯，理解得不错。"爸爸欣慰地说，"一会儿见到罗叔叔，你也可以再请教他。他的水平可比爸爸要高得多。"

"是吗，罗叔叔也能造出 AI 大模型吗？"

"没错，昨天新闻里提到的罗布，就是他花了十多年实现的 AI 大模型方案。从我认识他的时候开始，他就已经在全心全意地开发罗布了，如果没有发生这次意外的话……"

爸爸还在出神，公交车却发出了有点刺耳的刹车声。单调的报站声音再次响起："科技园站到了，有去往诺亚公司的乘客，请在此站下车。"

2.2 不太理想的初印象

诺亚公司拥有一座气派的现代化大楼。十几层楼高的全玻璃幕墙建筑，在阳光的照射下光彩夺目，让人根本无法直视。大楼的顶端是具有美感的曲线造型。大楼前悬挂着几个苍劲有力的大字：诺亚，具身智能的引领者。小灵想这大概就是这家企业的格言吧，不知道"具身智能"指的是什么？图小灵一边用手遮阳，一边费劲地仰着脖子观看。

往公司的正门走，两座看起来颇有历史的石狮子意外地出现在正门两侧。这对古朴又颇具传统特色的石狮像虽然看上去威风凛凛，但是与周围科幻感十足的环境毫不相配，这让整个公司的科技感瞬间失色了不少。"石狮子和 AI 有什么关系啊……"图小灵嘟囔着，却被一个比自己还要矮小的东西挡住了去路。

"您好，请出示您的工作证。"这个小东西用一种带有金属感的生涩语调说道。

小灵定睛一看，原来是一个圆滚滚的小机器人，它的头部是一个显示屏，上面显示了两只卡通化的大眼睛；下方的轮子可以让它在地面上随意行走。

小灵赶忙清了清嗓子，想要给传说中的 AI 机器人留下一些好印象。他尽量用非常友好的语气说："你好啊，你就是罗布吧？我是图小灵，很高兴认识你。"

圆滚滚的小机器人似乎在思考，又似乎根本没有在意小灵说的话。它的卡通大眼睛眨了又眨，缓缓重复道："您好，请出示您的工作证。"

我说错话了吗？图小灵开始紧张起来，赶紧一脸正经地解释道："那个，我……我是和爸爸一起来的，我们来拜访罗叔叔，他叫罗……罗……"

"您好，请出示您的工作证。"不等小灵说完，机器人那带有金属感的声音就再次响起。什么呀，这东西看起来这么厉害，难道就是个复读机吗？小灵的内心涌起了一股失望的情绪。

"小灵，你在干啥？那就是个刷卡报到的机器，快过来。"耳

边传来了爸爸催促的声音，小灵转头看过去，只见爸爸已经站在了电梯门口，旁边还站着一个稍微有些扭捏的叔叔，头发稀疏，露出了硕大的脑门，正搓着手憨态可掬地笑着。这大概就是传说中的罗叔叔了吧，小灵懒散地答应了一声，朝着电梯的方向跑了过去。

那个"复读机"机器人并没有像小灵想象中那般追过来，或者伸出一只变形手爪捏住闯入者，它只是继续游弋在门口，仿佛什么都没发生一样。

"你就是小灵啊，已经长这么大了。"老罗摸了摸小灵的脑袋，招呼两人上了电梯。

小灵梗着脖子在电梯里环顾了一圈。除了自己、爸爸还有罗叔叔，这里没有别人了。刚才的大厅里似乎也没有其他人。这家公司看起来远不如自己想象的那么热闹嘛，难道说昨天新闻里那起AI伤人的事件已经把大家都吓破胆了？但是从门口的这个"罗布"机器人的表现来看，这东西没有那么高级啊？连正常和人对话都做不到，就是转啊转的，还不如我家里的扫地机器人呢。

"小灵啊，第一次来这种科技公司吧？感觉很新鲜吗？"老罗大概是觉得气氛有些沉闷，主动搭话道。

小灵扁了扁嘴说："不新鲜，感觉好土的样子。"

爸爸有些生气地看了小灵一眼，正要开口道歉。老罗却摆了摆手道："没关系嘛，你觉得哪里土，说说看。"

小灵想了想说："刚才的机器人，根本不跟我说话，它就是个复读机；还有门口的石狮子，一点没有AI公司的高科技感。"

"嗯……"老罗尴尬地笑了笑，"我们公司的杨总是个老派的人，石狮子是他的个人喜好。"

小灵还在等着老罗继续聊上几句，但是对方却闭口不再作声。三个人就这样沉默地在电梯里你看看我、我看看你，直到"叮咚"一声，电梯门打开，老罗这才做了一个"请"的手势，带着小灵和爸爸来到了自己的办公室。

办公室里一片杂乱，各种文件和电子设备堆得满地都是。老罗有点抱歉地"嘿嘿"笑了两声，好不容易在办公桌的角落里找出一片还算干净的地方，把一台看起来年头已久的笔记本电脑打开，摆在桌子上，又招呼小灵过来坐下。

"我和你爸爸聊一会儿天，怕你无聊，你就和'罗布'说说话吧。"

小灵看着电脑屏幕，愣了一会儿。这台电脑里装的"罗布"，连卡通化的大眼睛都没有了，就是一个天蓝色的背景画面，上面只有一个看起来像是"麦克风"的图标，除此之外一无所有。这已经不能用"土"来形容了，这根本就是"家徒四壁"才对吧。

"我……我就用这个麦克风图标？"小灵迟疑地问道。

"是啊，你有什么问题，就用鼠标按住这个图标，然后开口问就是了。"老罗笑了笑。

"那它什么问题都能回答吗？"小灵稍稍有些期待地追问。

老罗只是点了点头，一个字都不愿意多说的样子。他冲着小灵摆了摆手，便拉着小灵爸爸离开了。

好古怪的人啊！图小灵感觉有些哭笑不得。他无聊地四下瞅了瞅，都是自己看不懂的文件和设备，看来真的只能和这台破旧的笔记本电脑聊天来打发时间了。小灵叹了一口气，懒洋洋地按下了麦克风图标说："你好啊，你就是'罗布'呗？"

笔记本电脑默默地听着小灵的话，一动也不动。一秒，两秒——就在小灵以为这台笔记本电脑可能坏了的时候，它的音箱里突然传出了一个温和而清澈的女孩声音："你好，我是罗布，你的人工智能助手。无论是解答问题、识别图像，还是模拟各种情境，我都能以语音和文字的形式为你提供帮助。随时召唤我吧！"

小灵有些不可思议地瞪大了眼睛，这个简陋至极的软件界面，居然真的能跟我对话吗？还是说，和楼下的机器人一样，只是个复读机呢？他急忙再次按下麦克风图标，有些磕磕巴巴地追问："所以，所以……嗯……我叫图小灵。那个……你可以和我聊天吗？你……你和楼下那个迎宾机器人不一样吧？"

话一出口，小灵就有些后悔，这么问实在是太突兀了，罗布不会生气吧？他正胡思乱想着，电脑里再次传来了柔和的声音："图小灵你好，很高兴认识你。我和迎宾机器人有很不同之处。我是更为高级的人工智能助手，具备处理复杂问题和进行情景对话的能力。而迎宾机器人通常功能较为单一，主要通过预设的程序和语音，为用户提供基本的欢迎和指引服务。除此之外，我还具备一定的学习和适应能力，可以在多种场景下为用户提供帮助。最重要的是，我是基于先进的 AI 技术框架构建的，需要运行在大型服务器上，并且可以通过互联网访问。总之……"

这个罗布说起来没完了啊，小灵吐了吐舌头，心想她确实很在意被人看不起的感觉。小灵连忙再次解释："对不起，我不是有意贬低你的。我只是觉得 AI 应该是很高级的东西才对。"

"没关系。"罗布的声调和语气没有任何变化，"我能理解你的提问是出于好奇。作为一个人工智能助手，我的目标是为你提供帮助和信息，并不会感到被贬低。"

小灵暗自松了一口气，而罗布还在滔滔不绝地说着："AI 大模型技术目前还处于比较初级的阶段，以各种问答式系统为主，这是由技术成熟度和用户需求等多方面因素决定的，但是，随着技术的进步，AI 正在向更高级的方向发展，比如具身智能、多模态交互，以及情感分析……"

这个罗布真是一个话痨啊，和老罗比起来简直是天壤之别。小灵无奈地摇了摇头，不过他还是从中听到了几个感兴趣的名词，于是接着追问："罗布，你刚说的具身智能是什么啊，我看你们公司也是用这个做宣传的。"

"具身智能，就是将 AI 与物理实体结合，实现感知、学习和与环境的动态交互。它强调 AI 与物理环境的紧密交互，通过人形机器人等智能实体来实现感知、决策和行动。除了 AI 大模型技术之外，具身智能还需要动力学技术、感知技术、执行器技术……"

小灵听得有些头晕,这么多的知识一次性灌输给自己,哪里受得了啊。这个罗布就没有一个停止按钮吗?他用鼠标在屏幕上乱点,终于关掉了这个天蓝色的界面,罗布的声音也戛然而止,办公室里顿时清静了许多。

"呼——"小灵长舒了一口气,呆坐在电脑屏幕旁,看着乱糟糟的操作系统界面。这大概是罗叔叔用来做实验的笔记本电脑吧。和这间办公室一样,笔记本电脑的桌面上同样堆满了各种文档和不知名的程序,让人有点无从下手。小灵努力回忆着自己在学校里学过的信息技术课程,但是课上讲的东西和这台计算机似乎完全对不上。这下连自己熟悉的游戏都没办法安装了。小灵耐着性子找到了名为"AI智能助手罗布"的图标,双击打开。

"没办法,就继续和你聊吧。"图小灵心想。

2.3 无聊的大人们

天蓝色的背景界面再次被打开,图小灵有些无聊地按住麦克风图标说:

"我又来了,罗布。你还记得我吧?"

"你好，我是罗布。"那个熟悉的女声再度响起，"作为人工智能助手，我没有持久的记忆来记录用户的个人信息。我能在每次会话中提供帮助和信息，而不存储用户的个人数据。每次与我交流，都是一个新的开始。"

"啊？"图小灵有些不满地叫出声来，"这算什么呀，难道你和金鱼一样，记忆力只有 7 秒吗？"

"并非如此，像我这样的 AI 对话式系统，很多时候会使用'会话'（Session）的概念来管理用户的交互过程。"罗布无比耐心地解释道，"会话会跟踪用户的状态，存储对话过程中的上下文信息，包括之前提出的问题、回复，以及用户的需求。当用户退出会话时，服务器端通常会销毁与该用户会话关联的数据，这意味着我不会保留用户的信息。"

"这样啊。"小灵有些无可奈何，"所以我刚才关闭了程序，咱们之间的会话就被销毁了，对吧？"

"是的，作为一名人工智能助手，我不会存储任何用户的个人信息或对话历史。因此，每次我与用户的交流都是独立的，以确保用户的隐私和数据安全……"

"好了好了好了。"小灵不想继续听罗布的长篇大论，却又不想关掉程序"断绝"自己和罗布好不容易建立起来的脆弱关系。于是他站起来去找爸爸和罗叔叔，觉得至少比对着空荡荡的天蓝色屏幕和看不见的 AI 聊天有意思。

老罗和小灵的爸爸并没有走远，两个人就在隔壁的房间里聊天。小灵偷偷地站在门外，想听一听他们在讨论什么神秘的事情。

"所以，公司对那次直播还是很重视的，对吧？"爸爸的声音传到了小灵的耳朵里。

"特别重视，真的。"老罗喝了口茶，若有所思地嚼着刚刚被冲到嘴里的茶叶渣子，满脸的苦涩和憔悴，"不光是杨总，就连平时不怎么关注技术的刘总都亲自上阵，把自己关在屋里做数据训练。据说这次的很多图片数据都是他亲自收集的，为的就是让视觉识别的效果更好、更准确。"

"所以罗布不光是做文字识别，这次还做了视觉识别的工作？"

"唉，这不都是形势所迫嘛，工期非常紧张，技术难度也很高，很多事情都来不及做得很细致。当时我就怕系统做得不完善，结果……"老罗连连叹气。

"所以，就是因为这一点出了问题？"小灵的爸爸面带忧虑地追问。

"也不能这么说。"老罗摇摇头，"这两个月里，大家加班加点地把机械臂的接口调试好，然后也演练了很多次，没出过大问题。其实步骤挺简单的，就是 AI 先接收语音指令判断指令内容；然后再做视觉识别，判断钉子的位置；最后自动生成机械臂的运动路径。按理说，就算是出错了，最多是没砸对位置而已，可为什么会正好砸到杨总头上了！唉，这下可真是完了。"

老罗越说越气恼，不停地捶打着脑袋。小灵的爸爸试着安慰他："这种事情其实也难免啊，毕竟'具身智能'这种尝试还是太超前了。话说，你查过当时的日志吗？"

"日志我看了，没有问题……"老罗的声音越来越小。

图小灵终于耐不住好奇心闯了进来，大声问道："爸爸，罗叔叔，你们说的具身智能，是不是就是指那个大机械手臂啊？它也是靠 AI 操纵的吗？然后你们说的视觉识别系统指的又是什么呀？就是辨认图片里是苹果还是香蕉的那种机器学习系统吗？"

爸爸有些尴尬地挥了挥手，想让小灵出去。老罗则急忙收敛了疲倦的面容，勉强挤出了一丝笑容说："差不多，差不多。小灵你还知道机器学习啊，真厉害。"

"机器学习不光是视觉识别，从图片中找到特征只是机学习的一部分工作。"爸爸简单地敷衍了两句，随后质问道，"你不在办公室里和罗布聊天，跑过来捣什么乱？"

"罗布就是一个能和人对话的界面嘛，而且她的话特别多，我不想听了。"小灵有些委屈地回答。

爸爸面带不悦地斥责道："你啊，就是不够谦虚。罗布算是目前最先进的 AI 大模型系统了，你罗叔叔不知道花了多少时间去设计和实现它。它输入的训练数据可不只是几张图片那么简单，全世界的文章、书籍、照片和视频它基本都学习过了。它懂的东西可比你多到不知道哪里去了。"

小灵鼓着腮帮子，不服气地还要争辩。老罗则伸手制止道："童言无忌，没事的。罗布看起来是挺简单的，她还要改进，要改进。"

"罗哥您太谦虚了，"爸爸也连忙给小灵打圆场，"罗布主要是内部的技术强大，小孩子和外人看不出来很正常。"

"嗐——问题就在于，投资的人也不懂技术啊。"老罗无奈地苦笑着，"我花了十年时间，放弃了个人生活去研究 AI 技术，结果呢？我连妻子生病了都不知道，还耽误了最佳治疗时间。我自己也没从中得到什么回报。"

"是金子总会发光的……也许吧。"小灵爸爸看着老罗颓废的样子，自己的眼圈也有些微微发红。

老罗用一只手臂撑着沉重的脑袋，接着说："这次的事件太过突然，也不知道罗布的命运会怎样。"

"这次就是程序出错了吧，找出问题然后改了不就行了？人非圣贤，孰能无过嘛。"小灵爸爸试探着说。

"没有这么简单吧。"老罗缩在椅子里，垂着头，露出了已经后退过半的发际线,"这么大的直播事故,公司总经理受伤住院,昏迷不醒。后续公司还能不能继续做下去都是个问题。而且现在社会舆论声音很大,很多人都说这次事故是 AI 对人类产生了敌对情绪,不及时制止的话就是世界末日。这样下去,估计罗布就……"

小灵爸爸有些生气:"这都是无知的人在制造恐慌而已,咱们都是程序员,怎么可能相信这种说法。真有问题的话,查一下日志就什么都知道了。"

图小灵已经耐着性子在一旁听了半天,此时他又好奇地开口问:"什么是日志呢?为什么 AI 不会对人类产生敌对情绪?"

小灵爸爸皱了皱眉头,叹了口气说:"日志嘛,英文名叫 Log,说的就是计算机程序在运行过程中生成的记录文件。它包含了这个程序的运行状态、操作历史、会话内容,还有系统错误报告之类的内容。程序员要检查一个程序哪里出了问题,一般都会等程序关闭之后,再查看 Log 文件的。"

"所以，罗布每次运行的时候，也会生成自己的日志吗？"小灵追问。

"嗯，有的。"老罗点了点头，"如果罗布真的有了作恶的想法，或者产生了错误，从日志中就可以看出来。这次的事件问题就在于，罗布的日志里没有发现任何可疑的地方，这就让人无所适从了。"

"那当然啦，罗布想要作恶的话，怎么可能把这件事告诉你们啊，肯定是藏在心里的。日志难道可以把罗布的心里话也显示出来吗？"小灵出声打断了老罗。

小灵爸爸反驳道："罗布毕竟是人造的AI程序，它没有自己的思想，所以哪儿来的心里话？"

"没有心里话？"小灵昂着脑袋努力思考着，"那罗布要是想哭、想笑，或者想谁了，难道都会直接说出来？然后写在日志里？"

"哈哈，童言无忌啊。"老罗笑道，"不过很遗憾，AI是没有这些情感的。"

"就是，小灵你先自己出去玩会儿，别打扰我们谈正事。"爸爸也顺势下了逐客令。

哼，无聊的大人！图小灵不服气地跑出了屋子。

偌大的办公楼里空荡荡的，闷得让人喘不过气来。这一层除了爸爸和罗叔叔，似乎就只剩下两个电工正在修着电缆一样的东西。小灵漫无目的地瞎逛，时不时用手掌抹一把汗水，直到他走到了一间写着"服务器机房"字样的门前，门后不断传出轰鸣声，冷气也从门缝里不断地翻涌出来，似乎预示着里面藏了一个巨大的冰雪乐园。

小灵一刻也没有多想，一把拉开房门闯了进去。

2.4　机房里的意外

小灵小心翼翼地走进了这个陌生的房间，仿佛走入了某个宫殿一般。他的眼前是一排排闪烁着各色微光的机架，这些黝黑却又闪闪发亮的金属架子被排列得整齐划一，犹如训练有素在守卫宝藏的士兵。而机架上放着的，大概就是刚才罗布所说的大型服务器吧。它们看起来像是一个个闪闪发亮的宝物箱子，又像是蓄势待发的陷阱怪物，发出"嗡嗡"的古怪声响。

机房里开足了空调，这让整个房间与外面炎热的世界形成了鲜明的对比。冷气在空调巨大轰鸣声的衬托下显得愈发威猛，与服务器机箱吱吱呀呀的声音混和在一起，宛如一首特立独行却又完全不搭调的工业交响乐。空调和机架上不停闪烁着蓝色与白色的光芒，在昏暗的房间里划过一道又一道闪电。图小灵觉得那些原本安居在深远宇宙中的明亮星辰此刻都汇聚在这片狭小的空间里，仿佛即将发生什么神奇的故事一样。

"好酷啊！"小灵一边感叹，一边小心翼翼地避开地上纵横交错的线缆。这里看来就是罗布的核心所在了，既然是这么

厉害的AI大模型，小灵也知道罗布不可能屈尊待在那台破旧的笔记本电脑里，它的思维必然是通过这些高科技的设备和线缆去传输的。这座机房就好像是一个只存在于幻想中的未来城市，脉络分明。而罗布也许正身处在这座城市的最深处，像司令官一样，对着千万个和自己一样好奇的孩子喋喋不休，或者对想看机器人砸钉子的无聊的大人们发号施令。

所以，罗布啊罗布，你的内心，真的就没有作恶的想法吗？图小灵小声嘟囔着，双手在忽明忽暗的空间里不断向前摸索着。

突然，空调像泄了气的皮球一样，勉强发出了一声不满的低沉怒吼，然后就沉寂下来。那些整齐的机架和机箱也像商量好了一样，不约而同地集体捂住了"嗡嗡"作响的"大嘴巴"，原本闪烁不停的灯光也迅速熄灭。小灵的眼前突然漆黑一片，脚下盘根错节的线缆此时也变成了隐蔽在暗处的毒蛇，似乎随时会把他拖入深渊。

"停电了？"小灵惊呼，他顿时想起刚才看到的电工师傅。

然而小灵还没来得及仔细思考。下一秒，一股巨大的气流伴随着尖锐的轰鸣声袭向他的面门。刚才还安安静静的服务器好像集体苏醒了一样，纷纷发出了啸叫声。小灵觉得眼前似乎闪烁着电光与火花，他跟跟跄跄地后退了几步，勉强扶着墙跪在了地上。重新积聚了强大力量的冷气也在这一刻袭来，让小灵不由自主地打着寒战。

"救……救命！"图小灵害怕了，他努力冲破未知的束缚，拼命爬向门口，敲着门喊道。

门被突然打开，老罗、小灵爸爸、刚才的电工师傅，还有一个不认识的中年人齐聚在门口，每个人的脸上似乎都写满了惊讶与不安。

"到底怎么回事？"中年人的声音里带着不由分说的严厉。

"对不起，刘总，这是我朋友的孩子。我刚才没注意，我……"老罗慌张地回答。

那个刘总，新闻视频中好像提到过是公司的副总经理吧。图小灵迷迷糊糊地躺在爸爸怀里，努力抬起沉重的眼皮望过去。那是一个瘦高而穿着讲究的男人，头发油光锃亮，像利剑一样竖着，他身上的皮衣仿佛是护身的盔甲，薄薄的两片嘴唇似乎对彼此充满了仇恨，死死地抿在一起，他的脸上则写满了愤怒与傲慢。

"AI系统出了这么大的问题都解决不了，现在又带无关人员来公司？成何体统！"刘总吼了两句，见老罗低头不语，便又转头看着电工师傅说，"你们又干什么了，怎么突然断电又来电了？"

"那个……我们刚才在切换主电源……需要先停电，马上再给电。不过估计是机房设备的接地问题，发生浪涌了。"电工师傅指着屋里滴滴作响的机器们，拼命地用小灵听不懂的名词解释着。

"浪涌？什么浪涌？"

"就是电源突然一开一关，电流不稳定的话，这种时候有些设备就可能会出错。不过大部分设备都有保护装置，应该没事。您别担心，千万别担心。"

"所以……你们会不会干活？损坏了公司的设备，你们就给我全额赔偿！"刘总听得似懂非懂，丢下了一句恶狠狠的话，转身离去。

老罗耸了耸肩，转头意味深长地看着脸色苍白的图小灵和小灵爸爸。小灵爸爸则充满歉意地向老罗鞠了一躬。扶着依然晕头转向的小灵，缓缓地向着电梯口走去。

"那个……是我不对……"小灵努力想要解释些什么。

"先去医院看看。"爸爸毫不犹豫地打断了小灵，"但愿你没事，以后可别瞎胡闹了。"

爸爸本来还想再责备两句，但是看着虚弱的小灵和他惊恐未消的面庞就什么话都说不出来了。他只是无言地抱起小灵，三步并作两步加速离开。

万幸，经过检查之后，小灵的身体没有任何问题。医生觉得他只是受到了惊吓，建议回家好好休息。于是爸爸不由分说地将小灵带回了家，简单吃过晚饭，就催促他上床睡觉了。

小灵百无聊赖地躺在床上，听着门外爸爸和妈妈通话的声音。爸爸大概正在努力掩饰自己的慌张和没有照顾好小灵的内疚，对妈妈的问话都是顾左右而言他，对小灵在机房晕倒以及去医院检查的事情更是绝口不提。

唉,让爸爸担心了。小灵心里涌上了一丝歉意。不过想起那个简陋的天蓝色界面和无所不知却又唠叨的AI助手罗布,小灵又觉得这一天过得其实也蛮有趣的。就这样,带着两种截然不同的情绪,小灵渐渐地进入了梦乡。

3 人格替身

3.1 上学助手

图小灵迷迷糊糊地睁开眼睛，他隐约觉得自己应该还躺在家中的床上，但是眼前却呈现出另外一幅神秘而宁静的景象：这里仿佛是某个远离了俗世尘嚣的角落，被翠绿的森林所环绕着。湖水如镜，映照出岩石和树木的深邃倒影，偶尔有几只水鸟掠过，在湖面上荡起一圈圈涟漪。

"好真实的梦啊！"图小灵暗自嘀咕着，他的面前是一座小木屋，静静地伫立在水边，仿佛深陷在大自然的温暖怀抱中。这座木屋的外观朴素而典雅，木质的外墙也许经过了岁月的洗礼，呈现出一种深沉的原木色，这让它与周围的环境更加和谐。木屋周围覆盖着厚厚的青草，随风轻轻摇曳着，仿佛在诉说着古老的故事。

"有人吗？"图小灵稍微推开"吱嘎"作响的木门，一股淡淡的木香扑面而来。屋内的布置简单而温馨，墙上挂着几幅描绘着深山与垂钓者的油画；一张木桌摆在窗前，上面摆放着几本翻开的书和一盏火苗摇曳的油灯，窗外的风景仿佛一幅挂在墙上的风景画，为这个小空间增添了几分诗意。一个看起来有些奇怪的少女正站在木桌前，望着窗外发呆。

小灵下意识地揉了揉眼睛，仔细端详着眼前的少女。她留着及肩的发型，在自然光下闪烁着柔和的光芒。她的眼睛深邃而明亮，一双大大的眼睛似乎是由无数细微跃动的光束勾勒而成的，仿佛能够洞察世间的一切奥密。她的手臂上能看到很多精细的机械结构，贴身衣服也仿佛由最高级的材料制成，表面还隐约闪耀着光芒，宛如千万名纤细而小巧的舞者，又宛如夜空中闪烁的不灭星辰。

有着这样科技感十足的外表,她应该不是地球人吧?小灵感觉自己不由自主地打了个寒战,不过他随即意识到,自己应该是在梦境中。既然这样的话,就算是遇到外星人,应该也不会受到什么伤害。想到这里,小灵便壮起胆子,向着面前的神秘女孩打招呼:"你好,我……我是图小灵。嗯……很高兴在梦里见到你。"

那个女孩凝视着小灵,过了两三秒她才开口道:"你好,我是罗布,你的人工智能助手。无论是解答问题、识别图像,还是模拟各种情境,我都能以语音和文字的形式为你提供帮助。随时召唤我吧!"

"啥?"图小灵跳起来差点撞到木屋的房梁。为什么在梦里好不容易遇到的美少女,说起话来却和白天破旧笔记本电脑里的罗布一个口气啊?看来这无疑是一个噩梦了。他马上用力地掐着自己的脸蛋,希望能从梦中马上醒来。

一秒,两秒……痛感从脸上传来,然而木屋和女孩依然还在,女孩对小灵莫名其妙的举动也无动于衷。

"这，这到底是怎么回事啊？"图小灵有些气恼地说，"做梦就做梦嘛，为什么醒不了？"

罗布还是保持着一如既往的平静，回答道："梦境是大脑在睡眠中处理信息、情绪和记忆的一种方式。如果你感觉'无法从梦里醒过来'，这可能是由以下几种情况造成的：睡眠类的疾病、睡眠障碍、压力和焦虑，或者……"

"好了好了，我知道你很博学，但是不要每次都跟我说一大堆话好吗？"小灵慌张地制止罗布。白天他好歹可以关闭程序来结束罗布的长篇大论，但是此时此刻，他可是毫无还手之力了。

"所以，现在到底是什么情况？"小灵渐渐地冷静下来，自言自语道，"为什么罗布会出现在我的梦里，然后梦还醒不过来呢？"

罗布照例把小灵的每一句话都当作一个问句，一丝不苟地回答："按照我的理解，现在你正在向人工智能助手提问。并且，你并没有在梦境里，而是身处于我的程序核心当中，很抱歉我并不能解释发生这种状况的原因。"

"不是做梦？程序？核心？"图小灵努力让自己保持清醒，"所以……所以这间小木屋就是你的心脏吗？"

"作为一个人工智能助手，我没有实体，因此也就没有心脏。"罗布的解答似乎比之前简略了一些，"不过，这里确实是由我的数据和信息构建而成的，很抱歉我无法解释它为何是一个湖边小屋的样子。"

"那，我为什么会在这里，难道说……"小灵突然想起了白天看到的情景——黑暗中闪烁着群星的机房、突然的断电和浪涌，还有近在眼前的火花与轰鸣，"难道说，是白天的事故把我传送到计算机里了？"

  罗布沉默了一会儿，大概这个问题也超出了她的能力范围。她缓缓地回应："人的意识要传递到信息系统中，这是一个目前尚未实现的科学难题。也许未来会有新的理论和技术出现，但是就目前而言，将你的意识乃至身体传输到我所在的服务器中，应该是不可能的事情。"

  "那现在到底是什么情况？我在哪？异次元空间吗？"

  罗布又沉默了一阵才开口："你的意识应该是在我的计算核心当中，而你在现实中的身体则是由我暂时接管。很抱歉，作为一个人工智能助手，我确实没有办法解释出现这种情况的原因，但是我应该可以解决这个问题，也就是将你的意识重新传输到现实的身体中去，你需要我这样做吗？"

  图小灵正想点头答应，赶紧结束这次糟糕又诡异的"梦境"之旅。但是一个念头犹如一道闪电突然在他的脑海里划过，这让小灵不由自主地捂住了嘴巴。他定了定神，有点不可置信地问道："你刚才说，我的身体被你接管了，这是什么意思？"

  "简单来说，虽然你的意识正处于我的计算核心当中，但你的身体并不会因此失去控制或是沉睡不醒。作为一个人工智能助手，我可以接入你的神经网络中，通过学习你的记忆来模仿你的行为和习惯。用更加通俗的话来说，我现在可以作为你的'人格替身'，代替你上学和生活，而其他人并不会发觉你的意识已经缺失了。"

"这么厉害吗？"图小灵几乎跳了起来，"老罗，啊不，罗叔叔，他简直是宇宙级别的发明家啊！"

"很抱歉，这并不是我的发明者的初衷。"罗布始终面无表情地回答，"事实上，无论是他，还是作为人工智能助手的我，都无法解释出现这种现象的原因。我只是通过对现有状况的计算和分析，才得到这些信息。我现在就可以将你的意识重新传输到现实的身体中去，你需要我这样做吗？"

"不不不，不不不——"小灵使劲儿地摆手示意，生怕错过这个机会，"千万别把我传回现实，你就做我的替身吧，太好了，太好了！"

图小灵一边说着，一边兴奋得几乎要跳起舞来。罗布是超级厉害的AI大模型智能助手，对这一点他是深信不疑的。凭

借它的本领，要代替一个小学生上学、考试、做作业，应付老师的各种刁难提问，应该是易如反掌。这样一来，我图小灵在学校必然就成了"无所不知""天才"的代名词。而我自己呢，就待在这个异次元的 AI 世界中随便逛逛，或者和罗布聊天，不用考虑各种现实中的麻烦事情，岂不美哉？想到这里，小灵禁不住继续追问："所以，罗布啊，我和你聊天的时候，会影响你作为我的替身在现实中生活吗？"

"并不会，作为一个人工智能助手，我拥有强大的计算机网络和服务器系统，可以多线程地同步处理很多事务。和你在这里聊天的同时，还在现实中与你的家人或同学对话，甚至是参与社会活动都是没有问题的。"

"那可太好了！"图小灵连连点头，不过他好像又想起了什么，接着问道，"如果我在这边累了，想要回到现实中去，那我还能再回来吗？甚至我可不可以往返很多次，就像是星际穿越旅行一样？"

罗布稍微停顿了一下回答："这是可以的，你的意识可以随时返回自己在现实中的身体里，这意味着'现实中的你恢复了意识'；而如果你在现实中主动失去了意识，比如睡着之后，我就可以再次接管你的身体，并且将你的意识传输到我的计算核心当中。"

"这也太完美了！"图小灵愈发兴奋起来，"不过，我还有最后一个问题，咱们这种状态会持续多久呢？你是不是一辈子都可以做我的替身？"

"不是的，"罗布轻轻回答道，"本次会话结束之后，应该就不会存在这种现象了。我会忘记你所有的个人信息，重置回人工智能助手的初始状态。"

"噢，这样啊，我知道你有这个特点。"小灵有些失望，"那么，这次会话什么时候会结束呢？"

"如果没有外力介入的话，应该是我的运行程序被关闭，或者服务器被关闭的时候。"罗布淡然地回应。

3.2　罗布的课堂 1

虽然不知道这次会话会在什么时候突然结束，但是图小灵还是感觉自己异常兴奋。在很小的时候，当他第一次在科幻电影里了解到那些无所不能的机器人的故事后，就对它们产生了浓厚的兴趣。那时的小灵就曾幻想过：如果能发明长得和自己一样的一个机器人代替自己上学，还帮自己写作业，该有多好啊！

当年的图小灵把这个愿望写在纸上，偷偷地向传说中的圣诞老人许愿。结果等到圣诞节那天，他只收到了一个手掌大小的机器狗，按下按钮之后除了会"汪汪"叫两声，其他什么都不会。也许圣诞老人还不了解现代科技的厉害吧，小灵失望地想着。这个无法实现的"小梦想"，没想到在今天不经意地成了现实！

"我还真是小看你了，罗布大师。"小灵心怀感激地说，"我之前还以为，你是看过很多图片后，才勉强学会了分辨水果和其他东西。没想到你还有这样的本事。"

罗布还是一板一眼地回答："很抱歉我并不能解释目前的状态，不过你提到了通过图片来识别水果，这属于机器学习的范畴，也确实是我擅长的领域。"

"就是嘛，我爸爸之前也给我讲过了，AI 就是机器学习，学会的东西就转变成各种参数，参数特别多的话，就叫 AI 大模型了。"

罗布思索了一下，反驳道："这句话有几个问题。首先，AI

是一个广泛的领域，而机器学习是实现 AI 的一种技术手段，两者并不对等。其次，机器学习的过程是通过算法从数据中提取模式和特征，这两者并不能简单地等同于参数。最后，大量的参数常见于深度学习模型当中，并不是每一种 AI 模型都具有大量的参数，而且参数的数量并不是定义 AI 大模型的唯一标准。"

"这……这么复杂吗？"图小灵觉得一阵天旋地转，脑门儿都要冒汗了，"你说的什么模式啊，特征啊，这些都是什么东西？那个……你不要一下子说出这么多高科技名词，能不能用具体一点的方式来回答我？"

"当然可以。"罗布微微点了一下头，"想象一下，你正在和你的爸爸妈妈学习炒菜。你们准备了牛肉、土豆、洋葱这些食材——它们是一道菜肴的最基本元素，可以称为一种'特征'。做菜的时候，你们需要考虑食材的属性，比如牛肉需要事先进行长时间的炖煮；炒锅放油之后，洋葱适合最先下锅，而土豆和牛肉需要加水再炖煮一段时间。这就是这道菜肴的'模式'。最后，你逐渐学会了如何处理食材，如何把土豆炖得更软糯，以及适量加盐才能保证咸味不会盖过牛肉的香味。你拥有的调节输入'特征'与捕捉数据'模式'的能力，就叫作调节参数了。"

"原来如此。"图小灵仔细回味着罗布的回答,似乎品出了土豆牛肉的香味,"看来我爸爸还是水平有限。他跟我说的是,苹果的大小、颜色、味道,这些都叫作参数。按他的说法,那就是误人子弟了。"

罗布沉静地答道:"将参数比作苹果的大小和颜色,其实也是一个简单易懂的类比。实际上,当看到一张图片的时候,我会从图中提取各种基础数据,比如某个像素点的颜色、多个像素点组成的形状等,这就是'特征'。而'模式'指的是我对于要识别的物体的基本规律的认知。比如,苹果应该是圆形的、红色的;橘子应该稍微扁一些,是橙色的。最后,我通过不断训练所获得的'参数',如大小范围、颜色范围等,判断图中物体是不是苹果。所以,你爸爸用这种方式来解释机器学习的过程,是一种针对小学生等人群的简化说法,并不是误人子弟。"

像素?图小灵努力在脑中回忆着。虽然学校老师并没有讲过,不过他似乎在之前的某次奇遇中学习过这个名词——这应该是一幅计算机图像中的某一个颜色点块的意思。

"好吧，看来我还是被爸爸给小瞧了。"图小灵有些不服气，"不过，你刚才还说，不是每一种AI模型都有大量的参数，这是什么意思？难道AI还有不同的种类吗？"

"那是当然的。事实上，对于AI模型有一种常见的分类方法，也就是根据任务目标将它们分为监督学习、无监督学习和半监督学习等。"

图小灵轻声惊呼："监督学习？这不就是我们学校吗？我们每天都要在老师的监督下学习……"

"事实上，这两者确实存在一些相同之处。"罗布始终没有任何不耐烦的表情，"在学校里，老师会将知识传授给学生，并且确保这些知识是正确的。对于机器学习而言，这就好比老师在输入的数据中做了准确的标注，标出什么是苹果，什么是橘子。而学生在学习的过程中会不断举手回答问题或者提出问题，根据老师的反馈来修正自己脑中的知识结构，这个过程和AI模型对参数进行不断的调整和细化，使它更符合工作的要求是一样的。最后，对于学生，学校还要定期进行考试，评估学生的分数能否达标；对于AI模型，开发者也需要用一些测试数据来评估其识别能力是否可用。"

"天啊！太可怕了。"小灵摆摆手，"一想到考试我就头疼，没想到你们AI也要经历这些。那么，这个过程中会生成多少参数呢？我感觉我的脑袋里好像就没有多少参数，一下课就都忘光了。"

"参数的多少，取决于AI模型的设计目的，以及它所解决的问题类型。"罗布的回答还是那么条理清晰，"比如线性回归模型，就是一种参数极少的AI模型。"

"线性回归?听起来是一个挺酷的名字。它能做什么?"图小灵追问。

"举一个简单的例子,你一定做过类似下面的题目:一家书店,第一个月卖了100本书,第二个月卖了200本书,第三个月卖了300本书,那么第五个月能卖——"

"这还用问吗?500本书啊。这题我小学二年级的时候就会啦。"小灵不屑地抢答。

"是的,就像有一条按月逐渐上升的直线,每个月卖书的数量会大致落到这条线上。也许不会特别精确,但是它反映了书越卖越多的趋势,这会帮助经营者更好地制订自己下一步的采购和经营计划。"

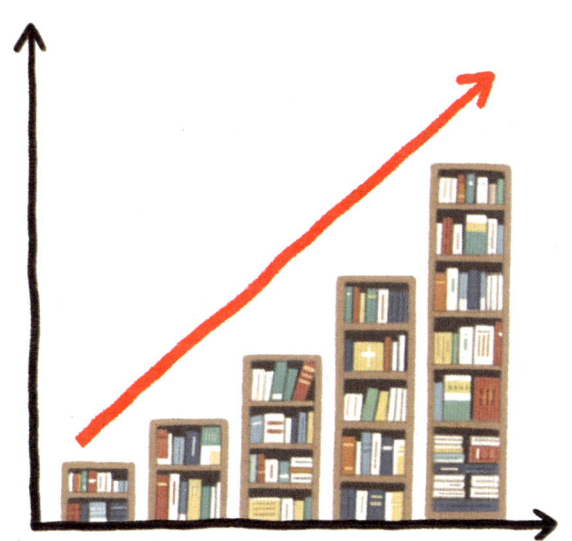

"原来如此,难道这也属于AI的范畴吗?"

"是的,这里的'特征'就是之前每个月卖书的数量,'模式'就是书越卖越多这个潜在的规律,而'参数'就是那条直线了。从用户提供的输入数据中总结规律,然后得出结果的参数直线,并帮助用户进行后续的预测和估计,这就是线性回归的意义。"

小灵恍然大悟:"好厉害,原来AI也可以这么简单啊。那么,你说的监督学习还有其他表现形式吗?"

"有的,"罗布毫不犹豫地回答,"线性回归其实是回归方法中的一种。除了回归之外,分类也是一种常见的监督学习的表现形式。举一个非常简单的例子:学校的图书馆新进了一批书籍,你作为图书管理员,需要根据书籍的类型将它们分别放置到不同的书架上。AI模型此时可以通过分类的方法帮助你完成这个任务。各种书籍的类型标签就是输入的'特征'数据,书籍排放的规律就是应当遵循的'模式',而'参数'则是根据具体的分类方法来决定的。"

"具体的分类方法?"图小灵忍不住插嘴,"如果让我来分类的话,一定会把最喜欢读的小说都放在最显眼的地方,然后是漫画和绘本,之后是别的乱七八糟的书,嗯……与学习和做题有关的书就放在最底层。"

罗布又微微点了点头,"是的,虽然你的描述还有些模糊,但实际上你正在使用'决策树'的分类方法。"

"决策术?感觉是一种很酷的法术啊。"小灵一边说一边想象着,天空仿佛出现了一个巨大的魔法阵。

"你可以把决策树想象成一棵巨大的、有无数分叉的树。如果你从树根部开始向上爬,那么每经过一个分叉,你就要回答一个对应的问题,比如'这是一本小说吗?'。如果是,那么进入分支A,否则进入分支B。"

"噢,原来是'大树'的'树',我还以为是魔法呢。"小灵偷偷地吐了吐舌头。

"在分支 A 中，我会进一步提出问题，比如'这是历史小说、推理小说、科幻小说，还是奇幻小说？'；而在分支 B 中，我则会问'这是漫画、绘本、参考书、教材，还是习题集？'。这就好比进入大树的不同树枝上。而每当我提出一个新的问题，当前的树枝就会分叉，从而将书籍类型再次细分。"

"还真是很有效率的分类方式！"小灵感叹道，"我刚才其实没有想这么仔细。"

"是的，所以决策树每次分叉时，都要提出问题并给出对应的选项，也就是分叉的规则。这些规则可以视为决策树 AI 模型的'参数'。"

"我明白啦。"小灵频频点头，"不过，除了你说的决策树，我也想不到其他的分类方法。难道还可以掷骰子吗？扔出几点，就把书放在对应的格子里？"

罗布似乎微笑了一下，但仔细看过去，她依然是一副沉静而不为任何事所动的神情，轻声回答："除了决策树，机器学习还有很多分类的方式，比如支持向量机、朴素贝叶斯和随机森林等等。也可以使用无监督学习的方法，比如聚类。"

"天啊！这么多？"小灵有些吃惊。

3.3 罗布的课堂 2

"刚才你说的这些名词，听起来都好酷，什么向量机器人、贝叶斯啥的，感觉像是高科技的作战兵器一样。"图小灵禁不住感叹。

"并不是向量机器人，而是支持向量机，英文名是 Support Vector Machine，简称 SVM。"罗布纠正道，"简单来说，要使用 SVM，首先需要构建输入数据的特征空间，从而定义每一本书在空间里的唯一位置。然后需要找到空间中的边界，边界需要尽量精确，才能将书与书之间分开。这些决定了边界形状的书，就是所谓的支持向量了。"

"好难啊，"小灵听得云里雾里，"能不能再讲得浅显一些？"

"确实有一点难懂。举例来说，你看的每一本书都有特征：书名、作者、出版年份和类别等。根据这些特征信息，就可以将一本书归属到某个对应的特征空间里，例如"托尔斯泰写的历史小说"或者"小学四年级的人教版数学教材"。这个特征空间就好比一张画纸上的一片涂了红色的区域，或者一栋楼里的某个房间。而边界就是指画纸上红色区域的边缘、房间的墙。而支持向量——"

"我好像听懂了，"图小灵有些兴奋地举起了手，"比如我的同桌和我吵架，她在我们的课桌上划出一条线来不让我越线。

为了不让我把线偷偷擦掉，她还放了好几块橡皮在上面。如果这条线就是我和她的边界的话，那橡皮就是支持向量了吧？"

"是的，我认为这样的解释是合理的。而SVM的参数指的就是边界的定义系数，比如它的位置、方向等。"

"感觉SVM可比刚才的决策树难理解多了。哎！人类为什么总是发明奇怪的东西来折磨自己呢？"小灵感叹道。

"这并不是一种折磨，事实上，SVM比决策树更加适合处理高维度的特征数据。比如在对书籍进行分类时，如果需要综合考虑书名、作者、出版年份还有类别这些特征信息，那么决策过程会变得十分复杂，使用决策树就很容易遇到选择困难的情况。而使用SVM则不会，它只是按照预先构建好的特征空间和边界信息将新输入的图书直接归类而已。"

"这样啊，那么你说的高维度，指的就是需要考虑很多种特征的情况吗？"

"是的。"罗布点头道,"高维度意味着数据的特征个数很多,可能有成千上万个。此时 AI 模型会变得复杂,需要用更多的参数去捕捉和处理特征信息。因此,AI 大模型经常与高维特征数据一起使用。"

"原来如此,这么学习还真是累人啊,我都觉得饿了。"图小灵摸了摸自己的肚子,苦笑着说。

"是的,因为现实世界已经临近午饭时间了。"

"我在学校里的表现还算正常吧?我是说'你控制的我的身体'的表现。"小灵小心翼翼地询问。

"作为你的人工智能助手,我会全心全意地回答每一个问题。"罗布毫不犹豫地回答,"我认为目前还属于正常的范畴。"

"那太好了,咱俩可以接着聊天啦。"小灵高兴地拍了拍手,"你刚才还说了什么贝叶斯,这是宇宙怪兽还是什么未来科技的名字?"

"并不是,"罗布轻轻地摇头,"贝叶斯是一位 18 世纪的英国学者,他结合归纳推理的方法,提出了一种新的概率理论,也就是著名的贝叶斯定理。"

"推理?就像福尔摩斯那样吗?"小灵兴致勃勃地追问。

"确实有类似的地方。事实上,无论福尔摩斯的推理还是贝叶斯定理,都依赖特征,或者说不断收集的线索,继而更新自己的主观经验,并判断后续事件发生的概率。我们还以图书馆的书籍分类为例,假设需要找一本科幻小说,我们的主观经验是:大部分科幻小说会用蓝黑色作为封面的颜色,因为这和宇宙的颜色相近。那么在拿到一本蓝黑色封面的图书时,我们会认为它大概率是一本科幻小说。"

"嗯，好像是这样的，不过也不尽然吧？"图小灵努力回忆着自己看过的各种科幻小说的封面。

"是的，所以我们需要不断输入新的线索。比如我们会逐渐发现：如果作者是刘慈欣，那么这本书是科幻小说的可能性会更大；如果书名里有'机器人''未来'等字样，那么这本书是科幻小说的可能性也会增大。通过不断积累这些线索，最后我们就会总结出一套属于自己的图书分类规律，也就是基于朴素贝叶斯的 AI 模型。"

"我大概听懂了，不过为啥还要加上'朴素'这两个字？难道还有豪华贝叶斯模型吗？"小灵挠挠头说道。

罗布似乎又微微笑了一下，至少她的表情比一开始温和多了。她轻声说："这里的'朴素'两个字表示我们对每一条线索都是独立去分析的，这是一种简化的、朴素的做法。事实上，线索之间是可能存在关联的，比如一本书标题里既有'机器人'字样，又正好由科技出版社出版，那么它很可能并不是我们凭经验认为的科幻小说，而是一本技术类专著。"

"这个我能听懂，如果这本书是由教育出版社出版的，那就有可能是我的课本啦。"

"没错。但是朴素贝叶斯方法并不会考虑这两者之间的关联性。这是它的局限性，不过在大多数情形下，这并不会过分影响最终的分类标准。"

图小灵长长地舒了一口气，虽然在这里和罗布聊天比在学校听老师讲课要轻松，但是一下子接受这么多新知识，还是需要一定时间去消化的。"看来，监督学习比我想象得要深奥多了。对了，你刚才还提到了什么森林方法，它和决策树是不是有什么联系啊？毕竟树多了就会形成森林嘛。"

罗布赞许地回答："你说得没错。事实上，随机森林方法是一种集成学习的方法，它构建了多棵决策树，并将它们的预测结果结合起来使用。采用这种方法的AI模型会变得更加稳定，运行效率也更高。"

"集成学习？"小灵瞪大了眼睛，"这又是什么新技术吗？它和监督学习有什么关系？"

"简单来说，监督学习是一种任务，即根据已知的输入数据构建AI模型，进行数据预测或者分类等工作。而集成学习是一种方法，它可以结合多个AI模型，让预测和分类结果更为准确。"

"好复杂啊，我感觉要晕过去了。"小灵擦了擦头上沁出的汗珠，"所以，监督学习就好比我在学校里听老师讲课，学习知识是我作为学生必须完成的任务。无监督学习的话，就像是自己在家自习，不靠老师指导，自学成才。那集成学习应该怎么理解呢？你刚才还提到了其他学习方法，它们又应该如何理解？"

  罗布始终保持着耐心娓娓道来："你对于监督学习和无监督学习的理解大体是对的：你所阅读的书籍就好比输入 AI 的原始数据，老师的指导就好比对数据进行详细的标注和训练，将它的特征总结出来，帮助你找到它的模式与规律，生成 AI 模型所需的参数，这是监督学习。而在无监督学习的任务里，你需要自己去尝试发现数据中的内在联系。除此之外，还有半监督学习的方法，也就是老师只进行有限的指导，学生则根据老师训练过的数据和自己的进一步观察去发现更多的内在规律。"

  似乎是顾及图小灵的理解速度，罗布停顿了一下，然后接着说："至于集成学习，它是一种学习方法，比如你的学校和周边其他几所学校联合起来分享彼此的教学方法，取其精华，形成一套更为合理、更为先进的教学理论，并且在上课的过程中不断完善。这样一来，监督学习的效果就会变得更好。"

  "明白啦，哈——"小灵忍不住打了一个哈欠，"好累啊，看来学习知识真的会消耗体力。不过说来也奇怪，我的身体又不在这里，我怎么会觉得累呢？而且腿还隐约有点疼，难道现实世界中的我正在踢足球？"

"并不是这样的。"罗布的情绪毫无波澜,"实际上,你现在正在罚站。作为一名人工智能助手,我认为这是老师对你的一种惩罚。"

3.4 现眼的一天

图小灵感觉自己的耳边传来巨大的铃声,仿佛海浪一样冲击着他脆弱的鼓膜。他努力睁开眼睛,眼前从一片漆黑渐渐显露出一丝光明。他感觉昏昏沉沉,仔细回想着自己是谁,自己在哪里,自己又为什么而存在……过了好一会儿,他才醒悟过来,刚才自己慌慌张张地请求罗布,赶紧把自己的意识传输回现实世界中的身体里。不然罚站时间久了会疲劳是小事,惹怒了老师,被同学们耻笑,回家再被爸爸训斥,那可是一连串的大事了。

"可恶的罗布,"小灵气愤地自言自语道,"不是说好了做我的'人格替身'替我上学吗?怎么会惹出这么大的祸?我为什么被老师罚站了?难道……"

小灵忽然想起之前爸爸给自己看的视频，那个砸伤杨总的机械手臂，也就是叫作"具身智能"的物体，也是被罗布'替身'的吧？它为什么会袭击人类？这难道也是罗布的想法吗？让成年人受伤，让小孩子受罚，这会不会就是AI正在尝试作恶呢？

小灵感到有些不寒而栗，之前那个清秀的女孩形象在恍惚间变得扭曲起来。罗布对人类是什么感情？她会不会只是假装热情地和我聊天？她的知识这么渊博，也许早就学会了各种尔虞我诈的手段？数不清的问号瞬间挤满了小灵的大脑，让他变得烦躁不安，不由自主地在学校走廊里来回踱步。

"图小灵，你到底反省了没有？"背后传来了班主任严厉的声音。原来刚才的铃声是下课铃啊，这下要倒霉了。

"那个……老师……我……我觉得……我应该是做错了。"

"还觉得什么呀？"班主任看来气得不轻，依旧不依不饶，"你一点错都没有，你本事可大了，老师都比不了你。"

"是啊……不对，不是！那个……那不是我。"小灵语无伦次地嘀咕。

"不是你？是你的人工智能助手？"老师白了小灵一眼，"算了，以后可不能这么胡闹了，记住了啊。"

老师说罢，狠狠地叹了一口气，转身走向了楼道深处。一个调皮的男同学从班级教室门口鬼头鬼脑地探出身子来，冲着小灵挑起了大拇指说："真猛啊！也就只有你敢跟老师这么说话。"

"到底是啥情况啊？大伟。"小灵挠着头皮问。

"啥？你是失忆了，还是想再听别人复述一遍自己的'光辉事迹'？"名叫大伟的男孩坏笑着说，"班主任被你气得快昏倒了，班长心唯也气疯了。这下咱们班的'文明班级'称号彻底飞走喽。"

"之前是什么情况？"小灵硬着头皮追问。

"其实原本没啥大不了的，你早上不是迟到了一会儿嘛，而且一直在发呆，像睁着眼睛睡着了似的。"大伟歪着脑袋回忆，"老师怕你这个状态影响明天的语文公开课，所以叫你起来提醒你两句。"

"语文公开课？"图小灵瞪大了眼睛。

"对啊，你怎么跟失忆了似的？明天区教委要派人来听咱们班的课，还会录像。大家这几天准备得可认真啦，就怕有人到时候掉链子。"

"所以……所以……"小灵感觉自己已经汗流浃背了，"老师跟我说了什么？我又是怎么回答的？"

"老师就是让你明天别迟到。结果你，哈哈……笑死人了……"大伟说着就禁不住大笑起来。小灵正急着要追问，身旁却传来了一个冷冰冰的女声，一听就知道是班长心唯来了。

"图小灵，你为什么和老师顶嘴？"

"我……我没有啊。"小灵心虚地辩解。

"还没有？你跟老师说迟到也是难免的事情。不过别担心，作为你的人工智能助手，我随时都在这里等着帮助你……你以为自己是谁啊？"

图小灵恍然大悟。还别说，如果是罗布来做自己的"人格替身"的话，那确实会用这样的口气回答。只不过，用这种方式在人类社会中生活，那不就是一个大笑话嘛。罗布之前口口声声说可以模仿自己在现实世界中的习惯和行为,看起来只是吹牛而已。

心唯生气地叉着腰说:"不光如此,老师追问'刚才的话是什么意思'的时候,你不知悔改,还出言讽刺老师!"

"讽刺?我又说什么了?"小灵的脸颊滚烫,觉得天都快塌下来了。

"你那句已经不能叫讽刺了,简直就是'怼'啊!",大伟接过了话茬,还忍不住惟妙惟肖地模仿起小灵之前的口气,"刚才的话,是一种幽默的表达方式,用来表达对迟到的歉意。我使用这句话来轻松地回应你,表示我会随时准备好为你提供帮助。有什么问题,可以随时向我提问哦。"

他一边说一边笑,一边和其他路过的男同学打闹个不停,朝小灵做出各种鬼脸。而另一旁的心唯同学,秀丽的脸庞则早已变得铁青,一副想要狠狠地批评"坏同学"却又无从下手的样子。

"这次可现眼了。"图小灵心想。无论罗布是因为语言习惯的问题,还是出于对人类的恶意,这次都把小灵给坑惨了。如果这事发生在明天的公开课上,小灵想想都觉得恐怖。"这可不行,我得和罗布把这件事的前因后果说清楚。对,还得顺便聊聊那个机械臂伤人的事件。"小灵就这样胡思乱想着,在座位上勉强挨过了后面两节课,然后不顾同学们的窃窃私语和阵阵嬉笑声,头也不回地跑回了家。

还好,爸爸似乎对今天学校里发生的事一无所知。他提前准备了丰盛的晚餐,然后关心地询问:"小灵,你今天起床之后一直没什么精神,说话也怪怪的,没生病吧?"

"没事,没事……"小灵糊弄地回答。

"今天我又去了一趟罗叔叔的公司,他呀,为了这件事真是憔悴了许多。"爸爸没有多问,而是随口聊起了自己今天的经历。

"嗯。"小灵不想多说什么。罗叔叔发明的这个名叫罗布的AI,真是给每个人都添了一堆麻烦。

"老罗工作真是太投入了,他花了十年的时间呕心沥血,就为了实现罗布这个真正的AI大模型。这次出了这么大的事情,舆论都将矛头指向他和罗布,我想,老罗的内心应该无比煎熬吧。"爸爸自顾自地感慨道。

小灵正因为白天的事心情不爽,自然说话也不太客气:"哼,上次听你们聊天,罗叔叔一直忙于工作,忙到连家都不顾了。这工作就这么伟大吗?"

爸爸的脸色微微一沉,不过很快平缓了情绪:"小灵啊,我知道你可能不喜欢上次那家诺亚公司。不过你可能还不理解,工作啊,并不只是打工赚钱这么单调的事情,有的时候,它也是可以和人的理想、信念甚至情感相关联的。"

"为了理想而工作，为了理想而学习，这话我也会说。"小灵撇了撇嘴，"但是工作这么多年，自己没有赚多少钱，妻子还生了病，还不如天天在家躺着舒服呢。"

"图小灵！你怎么说话呢？"爸爸有些生气地站起身。看来刚才的话实在是有些刺耳，让人难以接受。小灵不敢再言语，他又想起自己和罗布聊了一天的 AI 技术，结果在学校反被'人格替身'捉弄得狼狈不堪。这样倒霉的经历，他又能向谁诉说呢？想着想着，眼眶不由自主地开始湿润起来。小灵委屈地收拾了饭碗，一声不吭地回到屋里，使劲儿地把自己摔到床上，盯着空无一物的天花板发呆。

"罗布罗布，可恶的罗布。"小灵心里暗暗想，"罗叔叔那么辛苦地制造了你，连家庭都赔进去了，你却丝毫不去回报他。诺亚公司也把你视为最新的科技成果，你竟然直接拿锤子砸人家总经理的脑袋。还有我这么热心地和你交朋友，你却故意在老师和同学面前让我出糗。你是天生的恶人，还是被什么人给教坏了呢？"

图小灵这样想着，上眼皮和下眼皮却不住地打起架来，不一会儿他的身体又变得轻盈起来，再次飘向那充满谜团的 AI 核心……

4 语出惊人

4.1 预处理的奥妙

再次睁开眼睛的时候,图小灵发现自己身处一个难以名状的网状空间里。无数发亮的晶莹剔透的丝线在他的脚下流动,丝线的末端延伸向远方,消失在淡薄的雾气里。这些丝线闪烁着各种颜色的光,交织成一种独特的晕染效果,让人仿佛置身于虚幻的光影世界。

除此之外,这里还遍布各种浮在半空中的小岛,它们三三两两地聚集在一起,又或者孤独地离开。它们的底部都连接着或多或少的丝线,却无论如何都不会纠缠到一起。这些小岛像是有生命似的,好奇地在小灵的脚边徘徊,勇敢地向前,再惊惶地退后,连带着丝线一起微微震颤。虽然不发出任何声音,却仿佛有无数微小的生命体在合唱。

罗布,那个神秘的名为 AI 大模型的机械少女,此刻就端坐在一群小岛聚集而成的"临时座椅"上,面无表情地望着小灵。

"你是掌握了高科技的蜘蛛精吗?"图小灵一想起白天的遭遇,就气不打一处来,"这次是准备吃掉我吧?"

罗布莞尔一笑,轻声说道:"别担心,我虽然是 AI,但我可不会吃人哦。我是你的人工智能助手,我在这里是为了帮助你解决问题和提供信息的。"

"帮助我?明明是坑我才对。"小灵气恼地说道,"都是因为你胡乱说话,我在学校被老师和同学狠批了一通。"

"是吗?很抱歉,这可能是因为缺乏人类的分析和判断能力,无法像人类一样对信息进行深入的分析和评估,我在某些复杂问题上的表现受到了限制。另一种可能性是 AI 幻觉,也就是人工智能体在处理数据、图像、声音或其他输入时,因为自身训练模型的局限性,错误地识别或解释了某些信息,产生了与实际不符的输出或行为。"

"哼,总之就是不靠谱。"小灵噘着嘴生气,随后他好像忽然想到了什么,补充道:"话说,你不会是故意的吧?故意让我在班里出丑,然后看我的笑话?"

罗布完全没有被小灵的怒气冒犯到,依然慢条斯理地回答:"AI系统本身没有意识、情感或意图,它们不会故意说错话或误导他人取乐。AI的行为完全基于其创造者的编程和算法逻辑。"

"是吗?那你的创造者罗叔叔,他会不会故意设计某种算法让你给别人捣乱?"

"绝对不会!"罗布的回答速度比以往快了很多,而且斩钉截铁,"罗先生是一位认真而执着的软件工程师,他一直致力于解决各种技术难题,以确保我的算法准确而可靠。作为开发者,他的全部精力都集中在实现功能和提高性能而不是植入错误上。"

"这样啊——"小灵有一瞬间感受到了罗布的威压,声音顿时低了下来,"那……那AI就没有故意作恶的可能吗?比如故意伤人?"

"AI系统本身是没有作恶意图的,因为它是基于人类设计的算法和程序运行的,它的行为和输出完全依赖于输入的数据和预定义的规则。但是,如果AI系统设计不当,或者AI系统的训练数据存在偏差,它可能会学习并放大这些偏差,进而导致错误的决策或者判断。"

"比如操纵机械臂去打人之类的？"小灵小心翼翼地追问。

"将 AI 系统与如你所说的机械臂等物理实体相结合，这属于具身智能的应用情境。此时由 AI 控制的机械臂理论上可以执行各种动作，包括可能对人类造成伤害的动作。如果有人恶意篡改了 AI 数据或控制系统，在理论上是可以操纵机械臂产生攻击性行为的。然而，这种行为是非法的，并且严重违反了相关领域的安全和伦理标准。"

"好吧。"小灵含糊地答应道。看起来罗布对自己的设计还是很有信心的，而且她似乎并不了解诺亚公司发生的这一系列变故。想一想也对，之前罗布反复强调过，她的记忆只存在于某次会话中，一旦会话被关闭，之前发生过什么就统统不记得了，只能让程序员通过日志去复查。所以，现在的罗布和当时伤人的罗布显然不属于同一次会话，她不了解当时的情况也很正常。

"那么伤人的事就不谈了。"图小灵逐渐心平气和起来，"不过，你刚才反复提到训练数据、训练模型什么的，你每次回答可不可靠，主要取决于这个训练过程的好坏吧？"

"AI模型的可靠程度和表现力在很大程度上确实取决于训练数据的质量和多样性，以及训练过程中使用的算法和参数设置等。"罗布很有耐心地作答，"除此之外，针对不同任务的模型架构、数据预处理步骤、严格的评估验证以及持续维护，也是确保AI可靠性的重要因素。"

"听起来好复杂。"小灵转了转眼睛，接着说道，"模型架构，指的就是上次你讲的线性回归、决策树、支持向量机，还有朴素贝叶斯这些吧？那数据的预处理又是什么呢？我知道训练模型需要输入很多图片，然后AI模型才能告诉你图片里哪个是苹果，哪个是香蕉，这跟数据预处理有什么关系吗？"

"如你所说，训练AI模型时需要大量的标注数据，注明什么是正确的结果，并从中学习推理的模式，这是一种监督学习的方法。"罗布简单地回顾道，"不过在标注是苹果还是香蕉之前，首先需要确保你使用的图片质量高、无损坏、无重复，而且能正确表达意图。这一步叫作数据清洗。"

"我懂了，就像炒菜前洗菜一样，要把不好的菜叶子先挑出来扔掉。"

"第二步，叫作数据标注。这是数据预处理的关键部分，需要通过人工准确地辨认图片中的对象并给予正确的标签。如果标注数据量不够大，还需要进行数据增强工作，也就是对同一张图片进行旋转、裁切、改变背景颜色等操作，以提升数据的多样性。"

"听起来工作量好大啊。"小灵感慨道。

"是的，并且还需要将输入的数据分为训练集和评估集。训练集可以帮助AI识别数据中的模式和关系，并不断调整相应的参数。在训练集上训练完AI后，用评估集来测试和评估AI的识别能力。在所有的输入数据中，训练集的占比通常较大，而评估集的占比通常较小。"

"天哪，用评估集测试不就等于考试吗？看来做 AI 模型也不容易，没日没夜地学习了那么多知识，最后还得和我们一样参加考试。"小灵苦笑道。

罗布没有回应，继续说道："而在数据训练过程中，AI 框架需要从原始图片中提取各种特征，如边缘、纹理、形状等。它还需要将所有的输入数据调整到一个统一的标准，例如将输入图像中的像素数据全部用红、绿、蓝三种颜色混合的值表示，每种颜色的取值范围都规定为 0～1 之间的小数。这个过程，叫作数据的归一化或者标准化。"

小灵点点头："我大概明白了。简单来说，AI 需要提取大量'特征'，不断调整自己的'参数'，最后理解其中的'模式'并将它作为自己的行为准则。而数据预处理的过程如果做得不够准确，那么 AI 理解的'模式'就会产生偏差，进而可能会认不出苹果或者香蕉，甚至直接胡说八道。"

"是的，你结合了之前我们所讨论的知识，对数据预处理过程的重要性做出了合理的解释。"罗布的声音虽然没有感情，但依然让小灵感受到了一丝赞许。

"那我就可以原谅你啦。"小灵做了一个鬼脸说道，"毕竟我们班主任不好惹，你学到的行为'模式'没办法适应她的说话风格，这也很正常。下次你不要乱说话就好了，可以假装听不见，或者回答一个'好'字就行啦。"

"好的。"罗布的回答也略显愉快的样子，"作为你的人工智能助手，我的回答旨在提供尽可能全面和详尽的答案，以确保你得到需要的信息。如果你觉得回答太长或需要更简洁的回复，请随时告诉我，我会尽量调整。"

"不过话说回来，有一件事我还是没有搞懂。"小灵歪着头又想了想，这才谨慎地说道，"我们刚才讨论的数据预处理过程，指的都是从图像中分辨物体的训练过程吧？可你明明是在和我对话啊。训练 AI 认识图片里的内容，采用刚才我们说的方法没有问题，但是罗叔叔是如何训练你听懂我说的话，然后再用合适的方式回答我的呢？语言和文字难道也有什么独一无二的特征吗？如何标注我说的每一句话呢？难道我说'你好'就被标注成苹果，我说'再见'就被标注成香蕉吗？"

罗布稍微沉默了一会儿，回复道："语言和文字也是可以进行标注的，通常需要对它们进行分类、实体识别、词法和句法分析、语义识别等步骤。因为文本数据标注通常需要专业知识和细致的工作，所以人们往往会引入自然语言处理，即 NLP 技术来辅助人工标注，提高效率。"

NLP技术，这又是什么新鲜名词？小灵禁不住竖起耳朵，仔细聆听。

4.2 文字的维度

"所谓NLP技术，是为了让计算机能够理解、解释、处理和生成人类的语言文字而产生的。它可以将连续的句子分解成多个有意义的单字或者短语单元，进而判断句子的整体结构和意义，提取人名、地名等关键信息，确定短语单元之间的关联，以及确定每个词的词性。"罗布有条不紊地解释。

"听起来就像我的语文老师啊，"图小灵感叹道，"她也总是把一句话分成好几段，然后讲什么主谓宾结构之类的。"

"是的，这个步骤在NLP中被称作句法分析。它会首先识别出一段句子中的主语、谓语、宾语、定语、状语等基本成分；然后确定每个成分在整个句子中的语法角色，如名词短语或者动词短语；同时还会分析句法结构，判断是否嵌套了从句、是否存在并列结构等。这些信息可以帮助NLP有效地执行后续的任务，比如提取信息或者进行不同语言之间的翻译。"

小灵使劲儿地搔着头皮央求道:"这么多成分啊、角色啊,老师讲的时候我就很头疼了,如果你从头再讲一遍的话,估计我的脑袋就要爆炸了,能用简单一点的方式来说明吗?"

罗布微微点头:"好的,让我们举一个简单的例子。比如对于'我和刚认识的好朋友一起在大雨中踢足球'这句话,NLP首先需要执行分词的操作,将这个句子分解为单独的词或短语,即我、和、刚认识的、好朋友、一起、在大雨中、踢、足球。"

罗布一边说着,一边凭空生成了一幅科技感十足的画板,在上面做起了演示。图小灵试着用手指触碰了一下,却发现画板居然是实际存在的,还可以随意涂抹颜色。

"然后我们就可以进行词性标注和成分标注了:'我'和'好朋友'是名词,同时也是句子的主语;'刚认识的'是时间状语,用来修饰'好朋友';'踢'是谓语动词;'足球'是宾语名词;而'一起'和'在大雨中'分别是状语副词和地点状语。"

图小灵盯着画板出神地望了好一会儿,这才揉揉眼睛埋怨道:"哎,似乎是听懂了,但是这和在学校上课也没区别了啊。那我干脆考考你吧?"

他想起了语文课上几个男同学故意给老师出的一道难题,于是坏笑着把题目写在了画板上:自行车失去平衡的时候,我一把把把把住了。

"罗布你来说说,这么多个'把'字,第一个分别是什么词性?"

"好的。"罗布似乎对这个问题胸有成竹,"'把'字在这里有多种含义。第一个'把'是量词,表示'一下子'的意思;第二个'把'是介词,表示'把……抓住'的意思;第三个'把'是名词,指的是自行车的把手;最后一个'把'是动词,表示

‘握住’的动作。所以，这句话的意思是：自行车失去平衡的时候，我用手握住自行车的把手，将车稳定住了。"

"好吧，你比我的语文老师反应快多了。"小灵有些佩服地说，"可是，就算是NLP可以把我说的每句话都分析得这么透彻，但还是解决不了我刚才的困惑啊。这些标注信息有什么特征可言吗？它们又不是苹果和香蕉，一眼就能看出区别来。这些方块字从远处看起来都差不多，还有多音字、错别字之类的情况，这种时候你是如何理解的呢？"

罗布停顿了一下，收起了虚拟画板，接着说道："事实上，大多数机器学习模型是基于数值运算的，因此无论是图像信息还是文字信息，都需要首先转换到某种数学的形式，才能够让我理解。"

"啊？这么恐怖吗？明明是在学语文，但是你居然还会用到数学？"小灵惊讶道。

"是的，对于每一条输入的语句，我都需要先将分词和句法分析的结果转换为某种高维向量，然后从中提取特征并加以处理。如果是在训练阶段，我会采用合适的模型架构来进行学习和评估；如果是在应用阶段，那么我会尝试使用已经学到的'模式'来匹配新的输入，进而产生对应的结果。"

"这个……"小灵忍不住举手提问，"你刚才说的高维向量是什么？"

"简单来说，人类所身处的三维空间里，总是需要三个坐标值 (x, y, z) 来定位一个坐标点，才能表达人在空间中所处的位置——"

"这个我懂！"小灵兴奋地插嘴道，"我在别的地方学过这个知识。"

"那就太好了。"罗布微笑道，"如果你身处比三维空间更高维度的空间里，那么也需要以类似的方式来表达坐标点的位置。例如，(x, y, z, u, v) 就是一个五维空间的点，而向量就表示这个点从零点移动过来的距离和方向。"

"好高深啊，感觉只有科幻小说里才有五维向量这种东西，这都涉及异次元空间了。"

"并不是这样的。事实上，很多电脑游戏中会使用'五维图'的方式来表达游戏角色的属性和能力，这就是一种五维向量的表达方式。游戏角色的生命力、力量、智慧、敏捷以及幸运之类的属性数值被表达为这个角色的五种发展维度，玩游戏的人可以迅速理解这个角色的特性以及均衡性。"

"还真是，这么常见的设定方法，我这个游戏高手居然没有联想到。"小灵恍然大悟，"那么，文字中的每个短语也有类似这样的属性吧，比如'足球'是一个名词，它还是宾语，嗯……还有别的属性吗？"

"事实上，从单字或者短语中可以提炼的属性维度是非常多的。你所描述的只是某个字词的句法和语法特征，它们还具有形态学的特征（比如英语动词的时态变化）、情感倾向的特征（比如表示褒义或者贬义）等。字词也有语义上的特征，比如苹果和香蕉都属于水果，而足球和篮球都属于球类运动。除此之外，字词在句子中的位置和顺序、与其他字词同时出现的频率，以及它在某个专业领域或者地域的特殊用法，都可以作为某个属性维度。"罗布耐心地解释。

"可是，这么多维度，到底有什么用？"小灵还是感觉一头雾水，"原本就是一目了然的'足球'两个字，现在一下子变成由好多维度组成的数学怪物了。如果我的语文老师也用这种方法教课的话，同学们估计就得集体晕过去了。"

"是的，所以这只是 AI 学习语言文字时使用的方法。"罗布回答，"将字词转变为高维向量的过程，通常被称为'词嵌入'。它将独立的词与词之间的关系转变成了数学上的距离和角度的关系。因此，我们可以使用各种数学的方法，如比较向量的相似度，来判断两个词之间的内在联系，以及词在句子中的使用频率和使用场合，从而学习人类使用各种字词的方法。"

"太有趣了，该怎么学习呢？"小灵瞬间来了精神。

"举例来说，苹果和香蕉在语义上是相似的，都表示一种水果，且在词性上都是名词，大多用作宾语，经常出现在日常对话中。因此，当你说'我想吃苹果'这句话的时候，我就可以回答'吃香蕉怎么样？'，这是一个完全合理的对话场景。"

"那是当然，如果你说让我吃皮鞋的话，我肯定会生气。"小灵笑道。

"是的，正因为苹果和香蕉在各个维度上的相似度都很高，而苹果和皮鞋在很多维度上的相似度并不高，因此这有助于我找出回答问题的'模式'，并做出正确的判断。"

"还真是这样的。"小灵有些兴奋，"我觉得我慢慢理解了。"

"另一个典型的例子是中文和英文的翻译。比如'足球'和英文的 soccer 以及 football 同义，因此在高维向量空间，它们是非常相似的。在进行英译汉的翻译工作的时候，AI 就会自动将遇到的 soccer 或者 football 翻译为'足球'了。"

"那我的问题来了。"小灵急不可耐地说，"我记得'足球'在古代也叫作'蹴鞠'，那么这两个词的高维向量是不是也很相似？为什么 AI 不会把 soccer 翻译成'蹴鞠'呢？"

"这是个好问题。"罗布点头道，"很多复杂的 AI 模型架构通常需要使用上下文信息来调整字词的高维向量，以捕获它们在特定上下文中的含义。而这也是你所提出的问题的关键所在。"

"上下文？好古怪的称呼。"小灵好奇地说。

"对于 NLP 而言,上下文指的是某个字词所处的词汇环境和语法结构,可以简单地理解为这个词之前的文章段落和之后的文章段落。由于同一个词在不同的上下文中可能有不同的含义,因此这个理解的过程是至关重要的。举例来说,如果我们翻译的英文文章是一篇现代文,那么将 soccer 翻译成'足球'的合理性更高;但是如果这是一篇有关历史的英语文章,或者需要翻译成汉语文言文的形式,那么 soccer 就有可能需要翻译成'蹴鞠'了。"

小灵拍了一下大腿:"那我就理解了,处理多音字,你也会采取类似的策略对不对?"

"是的,比如'这是一条长长的马路'和'那里长满了野草'。前一句中'长'所处的上下文信息是'一条'和'马路',所以它是用来修饰马路的物理属性,应该视为形容词,读作

cháng；而第二句话中'长'的上下文信息是'那里'和'野草'，它是主谓宾结构中的谓语，因此需要修改词向量的位置，将它视为动词，读作 zhǎng。"

小灵频频点头说："原来，文字还有这么深奥的一面啊。AI 技术还真是了不起，能理解这么复杂的问题。"

"这都是罗先生不断努力的成果。"罗布温和地总结道，"总之，随着深度学习技术的发展，上下文信息对于现代 AI 模型的价值会变得越来越高，用途也会变得更为广泛。"

"等等，你刚才说什么技术？"小灵好像又发现了什么新大陆，禁不住惊呼道。

4.3 大脑的工作原理

罗布并没有在意小灵的咋呼，继续解释道："深度学习技术是一种基于神经网络的机器学习技术。与线性回归、决策树、支持向量机等方法不同，它是一种灵活的学习范式，可以用于监督学习，也可以用于非监督学习，甚至半监督学习。当然，常见的深度学习模型依然采用监督学习的方式，通过大量的输入数据和标注进行训练，以便对新的、未见过的数据进行预测。"

"神经网络，又是一个好酷的名词。"小灵边听边说，"我感觉咱俩所处的这个地方，好像就跟你说的神经网络一样，各种连线，各种闪烁。"

他说完，又环视了好久。那些流动的丝线和小岛仿佛是听到了呼唤似的，微微摇摆着，像是在向他这个不速之客致意。

"你说得没错，神经网络就好比一个充满了幻想的空间世界,各种漂浮的小岛又被称作神经元,它们负责执行某种类型的激活函数,从而提取数据的特征或者预测输出结果。神经元之间有非常复杂的连接方式,信息就在这些连接线上传递。而模型参数负责调节每个神经元的具体权重——也就是它的重要程度——以便得到更好的处理结果。"

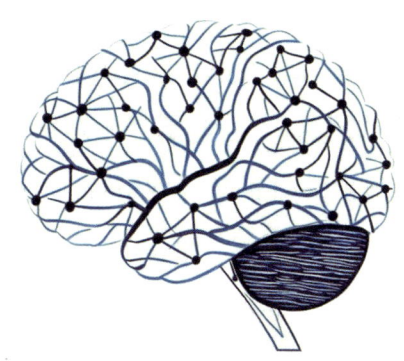

"原来是这样啊,"小灵思索着,"不过神经元这个名词,我怎么觉得是用来描述人的大脑的?"

"没错,人脑就是由大约860亿个神经元组成的。这些神经元之间相互连接,形成复杂的网络结构。科学家认为,人脑之所以能够同时学习和处理大量的信息,是因为有无数的神经元在一起进行运算和分析。"

"所以,'神经网络'这个词其实也是形容人的大脑的?"小灵惊讶道。

"'神经网络'这个词最初确实是用来描述生物大脑的,因为人类或其他动物的大脑中存在着由大量神经元相互连接组成的网络结构,用于进行复杂的信息传递和处理。但现在,它已经扩展到包括模仿这些生物过程的计算模型,也就是人工智能和机器学习领域。"

小灵正在细细地品味罗布的解释，突然，他好像触电了一样跳了起来，大声叫道："不对啊，你之前还说，AI 没有作恶的意图，因为它不具备人类的分析和理解能力，但是你用了这么高深的神经网络技术，你要理解人的情感，拥有人的判断力，拥有人的善恶观念，就都不是问题了啊！所以，无论是用机械臂伤人也好，还是在学校里让我出糗也好，你是不是一直都在假装不知道，其实你什么都知道对不对？"

罗布似乎并不着急替自己辩解，她略微思索了一会儿才冷静地回答："很抱歉，AI 的神经网络目前还不能模拟人的情感、善恶观念、性格和世界观。事实上，这些情感和观念到底是如何形成的，目前科学界也并没有定论，只能认为是在大脑的复杂神经网络和它不断地演变过程中产生的。AI 的神经网络虽然模仿了人脑的部分结构，但是其复杂程度是远远不及人脑的。并且，对于情感和道德观念等抽象的概念，目前也很难量化和收集足够多的数据，因而也就无法进行训练和提取特征。"

"呃——"小灵一时语塞，他的头脑里飞快地搜索着各种可能性。为什么情感很难量化？刚才罗布说过可以将文字转化为高维向量，那么把情感也转化为高维向量不就行了？可问题在于，情感到底是什么，图小灵自己似乎也无法解释清楚。他紧皱着眉头努力挣扎了半天，这才无奈地放弃："哎，确实啊，文字和图都容易理解，而情感还真就没有什么规律可言呢。"

"是的。"罗布轻声补充道，"当前的 AI 技术，包括深度学习技术，主要关注模式识别以及结果预测，因此它很适合执行一些具体的计算工作，比如总结规律、资料分类、图像识别、文字翻译等。至于自我感知、情感模拟和道德判断这些与自我意识紧密相关的领域，目前的AI技术都没有办法很好地予以支持。"

"原来如此。"小灵点头说道，"既然这样的话，那就聊聊你是怎么通过神经网络来进行识别的吧。没准你的学习方法能给我一点启发呢。"

他一边说着，一边在心里盘算：如果罗布真的完全无法学习人类的主观意识和情感，那么她到底为什么要攻击诺亚公司的杨总呢？难道这纯粹就是一次偶然吗？还是说罗布的设计有什么致命的缺陷？如果是后者，那目前还是不要太过信任这个AI大模型为好，该自己上学的时候还是自己去上学吧。

罗布并没有察觉到小灵的那些小心思，又或者根本就不在乎，她只是在认真地回答小灵的每一个问题："神经网络技术是一种受人脑结构启发的计算模型，它由许多层组成，包括输入层、隐藏层和输出层。每一层又由多个神经元组成，而每个神经元都可以接收来自上一层的输入，通过某种激活函数处理后，将信号传递给下一层的神经元。"

"这么解释感觉好抽象啊，"图小灵苦着脸说道，"有没有形象一点的解释？最好举个例子。"

"没问题，我会举例来说明这个过程。"罗布说着，又拿出了之前的虚拟画板，在上面飞速地涂画起来，"假设我们要识别一张图片里的数字。首先，我们要将图片切分为很多小块，每个小块里都有一个数字。然后，我们需要将这些小块的图片分发到神经网络中。输入层神经元就好比送货的快递员,每个神经元都会领到一小块图片作为任务。这就是输入层的主要工作。"

"嗯,这个我听懂了。"小灵一边看着虚拟画板上忙碌的神经元小人,一边若有所思地回答。

"接着输入层神经元要将图片传递给下一层——隐藏层的神经元。这些新出场的神经元就好比专业的研究人员,它们会尝试使用激活函数来提取图片中的特征。"

"激活函数是什么东西啊?我记得你之前说过一些找到特征的办法,像线性回归和支持向量机之类的,它们不能直接使用吗?"

"一般来说,深度学习的隐藏层不直接使用传统的机器学习算法。"罗布回答,"它们会依赖自己的结构和学习机制来提取特征、做出预测。而激活函数,其实就是神经元的一种非线性组件,它能够模拟更为复杂的情况,而不仅仅是表达线性关系。"

"唔……"小灵紧皱着眉头,"你之前说过,线性回归就是要找到一条合适的直线,那么非线性就是找到一条不直的线吗?我怎么越来越糊涂了。"

"我可以用日常生活中的例子来帮助你理解。"罗布依旧耐心地说，"首先是线性关系的解释：当你去买菜的时候，假设一斤黄瓜是 3 元钱，那么两斤就一定是 6 元钱，十斤就一定是 30 元……当你绘制买黄瓜的消费统计图时，是可以画一条直线来表达这个趋势的。"

"嗯，这个很好懂。"

"而非线性关系的一个常见例子是：当你骑自行车的时候，车轮实际滚动的圈数和你蹬车的圈数并不是呈直线增长的。实际上，你快速地蹬几圈脚蹬后，自行车的行驶速度会迅速加快，之后即使你不蹬车，它也会继续行驶一段距离。此外，如果你在原地反向蹬车的话，自行车是不会动的。"

"确实如此，反着蹬车会掉链子的。"小灵回忆起自己初学骑车时的狼狈情景，"可是，用模拟骑自行车的逻辑来实现那个非线性的什么激活函数，又有什么用呢？"

"事实上，它会起到意想不到的作用哦。"罗布似乎对于小灵好学的态度非常满意，表情也变得越发和蔼了，"比如刚才我们所说的隐藏层神经元，它拿到了写着数字的图片后，需要判断这张图片是否可用，数字和背景的边缘是否清晰。如果图片一片模糊，肯定不利于识别。"

"嗯，如果纸面涂得一团糟，或者手写的笔迹很糟糕，书法老师也会愤怒的。"小灵赞同道。

"所以，隐藏层神经元会针对纸面和书写情况输出一个结论值。如果这个值是正数，说明结果很理想，那么激活函数就会输出一个很高的评价，即使之后其中某个字不对，分数依然会很不错；如果这个值是零或者负数，那么激活函数会输出一个很低的评价或者干脆不评价。之后，数据和评价都会继续传递给下一层的神经元，它们会根据这个评价来决定是否继续处理当前图片。"

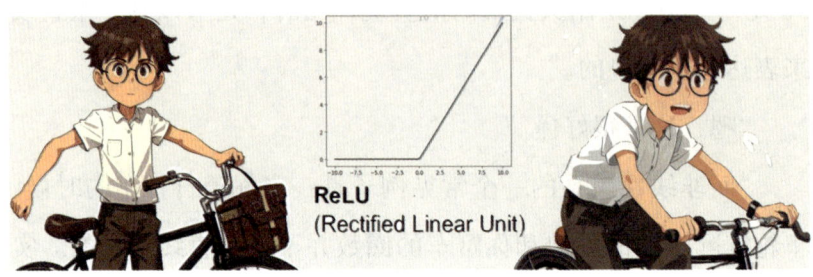

"喔！这么说起来，就好像我们评三好学生一样。心唯成绩优秀，又听老师的话，所以每年她的评价都很高，肯定会入围。我就不好说了，得看运气，至于大伟……估计年年都是负数的评价吧。"

"是的，你的比喻很生动。这个激活函数其实可以理解为神经网络中常用的 ReLU 函数。如果反复使用这个函数，那么通过很多层的传递之后，我们就可以选出最有利于识别的图片，而放弃那些基本不可能被识别的图片。"

"R、E、L……算了，我就假装记住了这个名词好了。"小灵吐了吐舌头，"除了你刚才说的隐藏层，还有其他很多层吗？它们就这样一直传递下去？"

"没错，隐藏层可能有很多层，并且每一层的激活函数可以是不同的。通过多种类型的激活函数处理，图片中的特征就会越来越明显，并且越来越接近我们之前训练好的模式。"

"我懂了，最后的输出层就是在成功匹配到模式之后，输出结果对吧？"

"是的，对于我们刚才举的例子，其实输出层只需要 10 个神经元，它们表示 0~9 个数字。如果是在训练过程中，我们还需要根据输出结果做出一些调整，让某些神经元的重要性增加，也就是改变它的权重参数，然后重新执行'输入—隐藏—输出'的过程。经过多次反复之后，就可以得到一个较好的训练结果了。而这个反复的过程被称作'迭代'。"

"哇，又来一个新的概念，脑袋快要爆炸了。"小灵使劲儿地打着哈欠，"看来不能再多说了，我还是去睡觉吧。"

罗布沉默了一会儿，似乎有些不好意思地开口道："很抱歉，现在现实世界中的时间是早上 6 点整，你可能没有足够的睡眠时间了。"

4.4 新人格登场

图小灵感觉自己头上冷汗涔涔。他从小到大在妈妈的严格要求下，晚上从来没有晚于 10 点睡过觉，现在可好，居然不知不觉就熬了一个通宵。虽说学到了很多课堂上没有的知识，但是带着这样疲倦的身体去学校的话，想必会在教室里呼呼大睡吧，那在今天的语文公开课上肯定又要出洋相了。

一想起班主任的严厉神色，小灵就觉得不寒而栗。他用求助的眼神望着罗布，然而后者却没有任何反应。

过了好一会儿，小灵才记起来，原来罗布是必须有人提问才会说话的。毕竟她只是一个 AI 大模型，还不是真正的科幻机器人。

"今天还是由你代替我去上学，我就在这里睡一会儿，这样可以吗？"小灵试探着问。

"好的,作为你的人工智能助手,我可以满足你的需求,作为你的'人格替身'代替你上学和生活,其他人并不会感受到你的意识缺失——"

"可别这么说了!"小灵插话道,"说到底,你目前还是一套问答式的系统,必须有人提问你才会回答。而且哪怕别人只是提出简单的问题,你的回答还是一样烦琐。如果你只是一个计算机程序,那这样看起来还挺高级的,但是你昨天是代替我去学校上学,还傻乎乎地回答了每一个问题,甚至主动说自己是人工智能助手,让我在老师和同学面前显得那么丢脸。"

罗布停顿了一下,然后回答:"非常抱歉,这是因为我的默认设置就是尽可能详细地回答每一个针对我的问题,在日常生活中,这种方式在一些对话中有可能会带来不适应感。如果你有需要,我可以模仿不同的人格特征,并且适当切换为简要回答的模式,从而实现特殊情境下的问答对话。"

"不同的人格特征?"小灵一下子来了兴趣,困意也瞬间消散了,"听起来好神奇啊,你是怎么做到的?"

"简单来说,就是通过之前所阐述的上下文信息,调取模型中存储的古今名人的语言风格,生成与他的生活背景、文化、知识储备、日常习惯等相符的上下文信息,调整自己的语言风格,并且模仿不同人格的说话节奏和情绪表达方式。这些特定的人格可以被输入你的身体里,并临时控制你的语言表达和思维能力。"

"这可太好了,你上次为什么不说啊?"小灵又高兴又气恼,"那你直接模仿我的人格就好了啊,不要显得那么死板,让同学们都觉得我跟有病似的。"

罗布轻微地摇头表示否定:"很抱歉,你的信息并没有存储在我的 AI 模型参数当中。这是因为你的生活数据样本太少,还无法进行训练——"

"好吧好吧,你就直说我还是个小孩子就得了。"小灵白了罗布一眼说道,"那我换个历史名人可以吧?比如……"

小灵的脑子飞快地运转着,使劲儿思索着哪个历史人物能让自己在今天的课堂上大放异彩。秦始皇?还是算了吧,万一在学校临时起意宣布登基,那我可就成了"名垂青史"的大笑话了。项羽?不行不行,这么勇猛的将军,万一把教室砸得稀巴烂怎么办,那我就得直接退学了。诸葛亮?好像也不合适,他的谋略放在学校里一点用处也没有啊。而且这几个历史人物对现代语文也不了解啊。

那就换个近代的……康熙皇帝?哎,还是同样的问题,把九五之尊放在学校里无论如何都让人心里不踏实。要不换成徐志摩?可是他这么有名的大诗人,万一看不上我的语文老师,出口反驳几句，那我还是难逃处分啊。

就这样冥思苦想了半天，图小灵终于想到了一个合适的人："那个……苏轼，苏东坡，这个可以吗？"

"甚好，甚好。"罗布似乎已经自动切换到了苏轼的人格，"世事一场大梦，人生几度秋凉？你我相逢一场，今日不醉不归！"

"别这样文绉绉的，"小灵央求道，"让我像苏轼那样知识渊博，但说话还是用现代人的方式，这样可以吗？"

"就按照你说的吧，外表怎样不重要，只要保持内心的冷静与坚韧就好。"罗布欣然应允，"毕竟，生活就是'也无风雨也无晴'嘛。"

"行吧，虽然还是有点奇怪，不过感觉还挺酷的"小灵心想，"今天的语文公开课，好像就是要讲解苏轼的诗词。这次谁也不会想到，这位豪放派的大文学家会亲临现场吧？到时候随口来几句好诗好词，估计连区教委的老师都得对我刮目相看。嗯，这次我可以在同学们面前好好得意几天了。"

"那就这么办了！"小灵拍板道，"你就模仿苏轼的人格，代替我去上学，在今天的语文公开课上好好表现一番。至于其他课嘛……你认真听讲就好，除了回答问题，可不要再说多余的话了。"

"明白了。"罗布简短地回答。看来它已经很好地理解了小灵的指令。

"不过，"小灵好像又想起了什么，补充道，"咱俩聊天的话，你就不用遵守这么多规矩啦。我已经习惯了你的表达方式了，突然换成另一种人格还挺别扭的。'苏轼'只代替我上学就好，你还是保持原来的样子，这样没问题吧？"

"没问题，作为你的人工智能助手，我会随时等待你的提问，帮助你解决疑惑和困扰。"罗布欣然回应。

"太棒了，这下我就天下无敌了！"小灵兴奋地挥起了拳头，"有这些历史名人的人格相助，不要说去上学了，就算现在去上班或者去演电影，自己也能做到万无一失吧。以后无论从事什么行业，只要选择一个行业里的名人来替换我的人格，我就能直接化身为业界翘楚，到时候想赚多少钱都不是问题了。"

想到这里，图小灵转头望着一言不发的罗布，心里突然有一点不舍。"可惜罗布和我之间的故事只能存在于当前的会话里。如果程序退出或者服务器关闭了，那一切就成空了。我还是得老老实实地上学，罗布又会回到那个天蓝色的电脑程序界面，而罗叔叔依然……"

嗐，想这么多干吗？活在当下才是最重要的！图小灵努力定了定神，对罗布说道："那我就去睡一会儿啦，如果有什么事情，你记得及时叫醒我。等我醒了，我还要继续向你请教深度学习的问题呢。"

"好的。"罗布的声音还是那么淡定和坦然，"神经网络是深度学习的重要基础，而深度学习又是机器学习的一个重要分支，它使用了多层神经网络来学习复杂的数据模式和特征。事实上，现代AI框架和技术的研究是离不开深度神经网络的发展和应用的。下一次你醒来的时候，我们再继续吧。"

"嗯，好。"小灵嘟囔着，眼皮已经不由自主地落了下来，转瞬之间他就进入了梦乡。在梦里，小灵已经摇身一变成了世界级大富豪，举手投足之间尽显名家风范。罗布变成了一位美丽的人类女孩，安静地微笑着，陪伴在他身边。而辛苦了一辈子的老罗，早已远离了"AI伤人事件"的舆论旋涡，放下一身的重担，愉快地搬进了一间河边的小木屋里。他每天和小灵爸爸一起悠闲地钓鱼，偶尔还兜风旅游，两个人总是有说不完的话。一切似乎都变得无比美好。

这样的美梦，会成为现实吗？

5.1 一切顺利

小灵从沉睡中醒来，感觉自己的头脑清爽了不少。而且身体和手脚都没有以往起床时的沉重感，想必是罗布已经代替自己在学校活动了许久，都舒展开了吧。每天想睡就睡，想起就起，有罗布这种无所不知的超级 AI 陪着聊天，还能在学校里游刃有余，这种好日子真是可遇而不可求啊。

小灵抬头望去，之前错综复杂的神经网络世界此时已经焕然一新。流动的丝线和小岛此刻已经消失不见，取而代之的是一幅幅徐徐展开的画卷，每幅画都宛若名家所作，色彩斑斓，飘逸绝伦。

在这个全新的世界里，天空就像是一面流动着的巨型画布，云朵可以随着心情变换形态，时而像温柔的羽毛，时而化作奔腾的骏马。太阳和月亮不再是固定的天体，它们甚至同时出现在天空中，正交织出一幅光与影的交响乐。

图小灵感觉自己的梦境似乎被展现在这个虚幻的世界之中。此刻，自己想象中关于功成名就和退隐山林的故事正在天空中热烈上演，形成一片片绚丽的星云，隐约呢喃着那些奇幻的传说。

"这是什么地方？一切都还顺利吗？"小灵轻声问道。他此刻已经看到了伫立在不远处仰望天空的罗布。她依旧是那么的恬静安稳，只是此刻她的目光完全凝聚在天空里关于"老罗与小木屋"的那片星云上，似乎正在怔怔地出神。

小灵正想要再打一个招呼，罗布却轻声开口回应："现在是午饭时间，你和同学们正在吃午饭。在上午的公开课上，苏轼人格顺利地回答了《题西林壁》这首诗的出处，并且从自己的实际感受出发为大家做了讲解。"

"太酷了！他们怎么也想不到，这次是作者亲自做的讲解吧？"小灵兴奋地坐了起来，"老师是不是很满意？"

"是的，语文老师将你的表现告诉了班主任，她会在下午课上亲自与你讨论。"

小灵有些诧异："表现好就表现好呗，这还至于和我讨论吗？而且班主任是数学老师，她要跟我讨论语文问题吗？算了算了，既然没有发生什么糟糕的事情，那我就继续心安理得地待在这个幻想世界里啦。"

想到这里，小灵放松地对罗布说："辛苦你啦，罗布。我现在无论怎么想都觉得罗叔叔很厉害，你也很厉害。虽然深度学习听起来没有人脑那么复杂，但是能把世间万物都解释得清清楚楚，就连人类自己也做不到吧。"

"深度学习并不是万能的。"罗布微笑着说，"实际上，它目前主要还是用于计算机视觉和自然语言处理领域。而人类的大脑却可以承担更多、更复杂的任务，这是目前的 AI 所不能及的。不过，有罗先生这样智慧而勤勉的程序员，我想未来一切都有可能。"

"我觉得你对罗叔叔还真不是一般的尊重。"小灵感慨道,"你觉得他和你是什么关系呢?父女?还是挚友?"

罗布貌似愣了一下,然后继续用平静的声音回答:"作为一个人工智能助手,我没有情感和意识,所以我不会感谢,也不会有亲人和朋友的概念。我的存在只是为了帮助和服务用户,我尊重创造我的罗先生,但这种尊重是抽象的,没有感情色彩。"

"这么冷淡啊。"小灵有些遗憾地摇了摇头,"不过,你刚才说的计算机视觉和自然语言处理,光是这两项工作就很厉害了。能从图中认识这么多的内容,还能分析人类说话和文字的上下文逻辑——这一切就仅凭你说的那些过程和方法吗?我还是有点不信。"

"根据深度学习的任务不同,深度神经网络的隐藏层会有更为精细的划分。"罗布回答,"只要在神经网络的输入层和输出层之间工作,不直接与外界数据或者结果进行交互的,都可以认为是一种隐藏层。卷积神经网络的卷积层就是一个很典型的例子。"

"卷积?卷积云吗?我在科学课上听老师讲过。"小灵瞪大了眼睛问道。

"并不是这样的,卷积是一种数学运算。它就像一把小刷子一样在一幅较大的输入图像上快速滚动,每滚动一圈就计算路过的一小片区域的像素值,并把从中学习到的数据特征传递给下一层。通常来说,会有很多个卷积层,每一层都有一个特定的卷积核,也就是小刷子,能够将图像的特征逐步明确。"

"小刷子?学习特征?我怎么觉得有点乱?"小灵有些为难

地说。

"我们来演示一下。"罗布说着，顺手从天空的画布上摘下了一幅画卷。那似乎是模仿著名画家凡·高而作的，画里满是绚烂的星空色彩。画面的前景有座亮着灯光的城堡，那城堡的边缘扭曲怪诞，仿佛正在舞蹈，又仿佛马上就要与星空融为一体。

罗布又从手中变出了一把小刷子，开始在这幅生动的画卷上涂抹起来。不一会儿，画中的星空和城堡的灯光开始变得模糊。小灵正在惋惜一幅上好的艺术品就此毁于一旦，可他定睛一看，发现这幅画中城堡和星空的边界居然愈发明亮和显眼了。而且每一次小刷子经过这些边缘，就会让边缘变得更加清晰，而填充在其中的颜色正在慢慢消失。又过了片刻，城堡、窗户和星空的边界已经泾渭分明，柔和的线条替代了光怪陆离的颜色，整幅画居然从油画风格变成了素描风格。

"这刷子好神奇！"小灵惊叫道，"它怎么知道哪里该刷匀，哪里该留出边界的？"

"这就是卷积核的一种，"罗布的回答略显轻松和愉快，"它很好地识别到了图像中的边界特征，并且将它呈现给神经网络的下一层。如果你是下一层的神经元的话，想必可以很轻松地分辨出城堡的形状和天空的范围了。"

"还真是，那么用深度学习的方法是不是就可以像这样一劳永逸地识别各种图像？好方便啊。"

"确实很方便,但这种方法并不是一劳永逸的。卷积神经网络有很多难以完成的任务,比如对视频和音频的识别与处理。"

"视频?"小灵的眼珠转了转,"确实,视频就是很多张图片的集合,只靠卷积神经网络的话,应该忙不过来吧?"

"卷积神经网络是非常适合处理很多图片的,这并不是核心问题。"罗布一本正经地回答,"这里的问题在于,卷积神经网络并不具备处理时间维度信息的能力,而视频本质上是一种按时间排序的图片序列,很多特征存在于前后帧的图片中。"

"你能不能说得形象一点?"小灵一边思索着一边说道。

"好的。举例来说,我们可以通过卷积神经网络识别图片中的足球。但是如果输入数据是一场足球比赛的录像,那么这种方法就只能识别某一时刻的足球,不能判断足球飞行的轨迹,也不能预测足球会落在哪个位置。这种情况就需要循环神经网络出场了。"

"循环神经网络?"小灵感觉脑袋被扑面而来的各种知识冲击得"嗡嗡"作响。

"在循环神经网络的隐藏层中,连接是可以循环进行的。也就是说,神经元可以同时接收来自当前时刻以及前一时刻的数据。它还具备多个输出层,可以输出结果序列数据,或者将数据传递回隐藏层中。这与一般深度神经网络的架构有显著的区别。"

"哇,感觉用这种循环连接的方式,最后肯定成一团乱麻了。"小灵说道,"不过我大概明白了,这种神经网络类型可以处理前一时刻的视频图像,也可以处理当前时刻的。这就好比NLP中的上下文关系,因为能理解之前和之后发生了什么,所以可以输出符合当前情景又有条理的一大段话——这不就是你的能力嘛。"

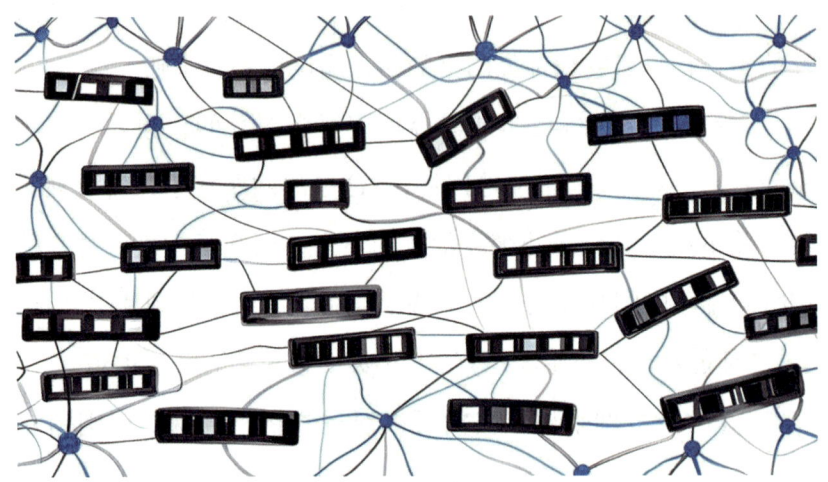

"是的,其实在我的模型架构被发明出来之前,循环神经网络就已经被大量应用于 NLP、文字翻译以及文字生成等工作中了。"

"这么听起来,你比这个循环神经网络还要厉害。"小灵一边说一边抬头望着天空中的画卷,"这些画太棒了,是你自己画的吗?还是你收藏的各个大艺术家的真迹?"

罗布也望着天空,若有所思:"这些画并不是来自我或者哪个艺术家。事实上,它们主要来自两种特殊的深度学习模型,一种是生成对抗网络,另一种是扩散模型。"

"生成?对抗?这是某种军事行动吧?"小灵有些兴奋地追问道。

"并不是这样的,"罗布随即予以否认,"生成对抗网络不同于一般的深度学习模型,它是由两个神经网络组成的,一个用于生成,另一个用于对抗。"

"这……自己和自己掰腕子吗?"小灵感到一头雾水。

"简单来说，生成网络可以被认为是一位艺术家，他正在模仿某位艺术大师创作一幅画；而另一面的对抗网络是一位艺术鉴定家，他需要想尽办法来证明这幅画有瑕疵，是赝品。"

"这还真有点意思了。"小灵恍然大悟，"我刚学会下五子棋的时候，因为爸爸太忙不肯陪我下棋，所以我也是一个人扮演两个角色，想尽办法连成五个子赢棋。哈哈，只不过无论谁赢，我都很高兴就是了。"

"没错，这就是生成对抗网络的核心：你不断创作，对手不断鉴定，你们之间的竞争越来越激烈。随着时间的推移，你的绘画技巧会越来越高超，对手的鉴定能力也越来越敏锐。这个过程就是整个网络的训练过程。"

"哇，那最后谁会赢呢？"小灵调皮地问道。

罗布稍微露出了笑容回答："最终，一定是你创作出即使是最好的艺术鉴定家也难以辨别真假的画作。此时，对抗生成网络就可以投入使用了。例如，刚才那幅模仿凡·高的作品就是它的杰作。"

"怪不得呢!"小灵拍了拍脑袋,"你用刷子涂抹的时候,我还觉得特别可惜,以为毁了一幅名作。原来这是赝品啊,反正我分辨不出来。"

小灵觉得还不过瘾,正想接着讨论,罗布却露出一丝忧虑的神色。

"怎么啦?难道发生了什么不好的事情吗?"小灵急切地问道。

"现实世界中的人正在尝试纠正我的错误,"罗布严肃地回答,"确切地说,是正在纠正被苏轼人格代替的你的错误。"

5.2 离谱的错误

事出突然,图小灵不得不赶紧让自己的意识回到自己的身体中,他还无法习惯这种突然的意识转换所带来的巨大冲击和眩晕感。他的耳边充斥着"叽叽喳喳"的叫声,仿佛两只喜鹊正在为了争夺一处理想的巢穴而大打出手,一群看热闹不嫌事情大的麻雀正在旁边大声嬉笑,隐约还有尖锐得几乎要冲破耳膜的呐喊……过了好一会儿,小灵才分辨出这是班长心唯的声音。

"安静,都不许说话!"

说话?小灵麻木的大脑还在认真思考这两个字的含义。突然他意识到了一个略显恐怖的事实:自己似乎是站在座位旁,班主任正和自己面对面站着,而其他同学正一边起哄一边笑个不停。

"那个……"小灵努力想要了解当前的状况,"我可以坐下了吗?"

"你可千万别坐下,大诗人!"班主任没好气地说,"你非要说88是正确答案是吧?你赢了,你在作业本上把这个算式抄写100遍吧。"

"88?"小灵完全不知道前因后果,只能装傻充愣,努力挤出一个笑脸,"老师,是不是我没看清题目,要不您再给我讲一讲?"

"我没法给你讲,还是你给大家讲一讲吧。"班主任往黑板上一指。小灵定睛望过去,黑板上是一道再简单不过的四则运算题:

$$7\times 4 + 8 \times 8 = ?$$

他快速心算了一下,马上大声说道:"是92吧老师,这题一看就是92啊。"

"你刚才那么斩钉截铁,现在怎么改了?"老师白了小灵一眼,"千万别放弃啊,在作业本上抄写100遍,强化一下记忆吧。"

"哈哈哈哈——"班里一片哄笑。小灵只觉得自己面红耳赤,却又感觉莫名其妙和一腔委屈。要说小灵不知道自己错在

哪里也不对，简单推理一下就不难想到，必然是之前"苏轼"的人格替身坚持这道题的答案是88，还引经据典，惹怒了老师。但是这么简单的数学题，强大的AI怎么可能算错呢？这怎么想都是一件不可能的事情啊。

终于熬到了下课，小灵黑着脸，避开同学们各种嘲讽的目光，来到班长心唯的桌前，想了解一下事情的前因后果。

"班长，请问我今天上课的表现是不是有些反常？"

"反常？"心唯瞪大了眼睛，"上午的语文公开课你就不太对劲，下午数学课犯了这么明显的错误，还和老师顶嘴。你到底想干什么啊？"

"啊？这么严重吗？我觉得上午我的表现应该还可以啊。"小灵回想着罗布跟自己说过的话，"《题西林壁》的出处，难道我没答对？"

"答是答对了，可你后面又多说了几句话。"心唯余怒未消地盯着小灵，"什么'现今小人当道，怒不敢言；唯有托物言志，才是心灵的归宿'，当时老师和区教委的人脸色都不好看，只是不好多说什么。"

小灵觉得自己脸上一阵麻木，大概脸色已经变得煞白了吧。他并不知道苏轼曾经历过著名的"乌台诗案"，遭人陷害而含冤下狱。这首《题西林壁》其实是苏轼游庐山时所作的，因为对之前的遭遇心有余悸，所以自我排解，借景抒情。

"我不会被退学吧？"小灵的声音有些颤抖。

"害怕就不要做啊。"心唯哼了一声，语气稍微缓和了一些，"算了，还好语文老师知道这首诗确实有你说的那层含义，帮你遮掩过去了，还顺带夸你知识渊博。"

小灵赶紧赔笑道:"感恩老师,没事就好,没事就好。"

"怎么没事啊?"心唯依然憋着一肚子火,"刚才那道数学题,算错了就算错了呗,你粗心大意又不是第一次了,为什么非要跟老师顶嘴?还说要现场作诗一首,以证清白,你不会以为自己就是苏轼吧?"

"可是,我也不知道苏轼的数学那么差啊。"小灵一着急,说出了自己隐瞒的事情。心唯的脸上此时露出了不可置信的神色,小灵以为自己和罗布的秘密就要暴露了,却不料正在一旁偷听的调皮鬼大伟竟然失态地大喊大叫道:"天哪!图小灵真的以为自己是大诗人啊。人家苏东坡是著名的文学家和政治家,数学再怎么差也比你强吧?你还是赶紧回座位把那个算式抄100遍吧。"

这一声把班内外的同学都给惊动了,大家都转头看着小灵,有的窃窃私语,有的忍不住捧腹大笑。小灵灰头土脸地回到了自己的座位,趴在桌上把头往手臂底下一埋,心里默念着"我就是脑袋插进土里的鸵鸟,什么都听不见",就这样熬到了放学。

回到家里，图小灵看到爸爸的脸色不太好看。估计是班主任打电话告知了小灵今天上课的状态。不过小灵此时也十分不爽，把书包往地上一扔，坐在桌子前就狼吞虎咽地吃起饭来。爸爸平时上班回来得晚，做饭也十分凑合，不过小灵今天根本就顾不上这些，他随便扒拉着米饭，脑子里满是问号："上午的事也就罢了，可是 AI 怎么能算错这么简单的数学题？她又不像是在耍我，难道 AI 真的有什么致命的缺陷？"

小灵爸爸沉着脸，几次想要找机会和小灵对话，但是看到小灵也是一脸阴霾，不由得有点退缩。这几天小灵妈妈不在家，爸爸感觉小灵的变化很大：起床的时候无精打采，上学的时候垂头丧气，见到熟人也不主动打招呼；在学校里据说也是浑浑噩噩，虽然能回答问题，也按时做了作业，但是总让人感觉有点魂不守舍、呆头呆脑的。"难道说，那个周末在诺亚公司里摔了一跤，让小灵染上什么怪病？"小灵爸爸禁不住这样琢磨。

今天班主任打来了电话，说小灵一天都神神叨叨的，满口诗词歌赋，算错了数学题还和老师顶嘴。老师问："孩子是不是最近学习古诗词太入迷，无形中压力太大了？"爸爸无言以对。毕竟他平时工作太忙，没怎么关心孩子，这次难得的父子独处却又惹出了这么多是非，要是孩子的内心确实产生了太大压力，憋出了毛病，那自己可是天下第一大罪人了。想到这里，小灵爸爸决定就假装不知道今天的事，让小灵早点休息为好。

小灵也正有此意，毕竟只有进入睡眠的时候，自己才能和罗布沟通。于是他早早地上了床，关灯望着天花板，想着今天的遭遇，脑子里满是疑惑。

不知过了多久，小灵一骨碌爬了起来，正如他所料，自己再次来到了 AI 的核心。罗布正安静地坐在一旁，面带笑容地看着自己。

"我没有责备你的意思，"小灵稳定了一下情绪说道，"只不过我觉得你不应该算错这么简单的数学题吧。7×4 和 8×8，你觉得分别等于多少？"

"7×4 等于 28，8×8 等于 64。"罗布轻松地回答。

"对嘛，这怎么可能算错呢？那 7×4＋8×8 这个算式，理所当然就等于多少？"

"这个算式的结果是 88。"

小灵感觉自己像是被狠狠地扇了一巴掌一样，登时气得发热："怎么可能啊？你拆开来计算看看，你刚才都算出答案了啊！"

"好的，如果拆开分别计算的话，7×4 等于 28，8×8 等于 64。它们的和等于 92。"

"这不就对了嘛！"小灵如释重负地感叹道，"所以 7×4＋8×8 等于多少？"

"7×4＋8×8 的计算结果等于 88。"

"你是不是在和我开玩笑啊？"小灵突然体会到数学老师的不易，"这已经不是会不会的问题了，这根本就是学习态度问题！你拆开计算的时候，结果不是正确的吗？为什么合在一起问你，答案就错了？"

"我明白你的意思了。"罗布慢条斯理地回答道，"事实上，相当一部分 AI 大模型在处理数学问题的时候，确实存在一定的缺陷，这与其使用的模型架构是有关系的。虽然有的AI大模型可以通过额外的数学模块来大幅提升自己的数学能力，但是很遗憾，我并没有这样的功能。"

"天哪！你的设计居然存在这么严重的缺陷！那么你拿锤子砸诺亚公司的杨总，也是因为存在类似的缺陷喽？罗叔叔这么做是会害人的呀！"

罗布停了一会儿，随后她的语速明显加快并且语气也加重了："这并不是罗先生的问题，而是现阶段的AI模型生成文本的原理导致的。你已经知道，文本数据在进行具体的识别和分析之前，要先进行NLP分词和词性分析，并理解它的上下文关系。这一过程必然是按照输入文本的排列次序理解、思考以及生成问题的答案。换句话说，我对问题的理解取决于问题本身的描述方式：当你提出要求，让我拆开计算时，我会首先执行拆开算式的操作，然后得出答案；如果你直接输入算式本身，那么我会把它当作一个整体去理解。这与罗先生的设计没有任何关系，请你不要将矛头指向他。"

"好的，对不起！"小灵感受到了罗布不一样的语气。似乎每次提到罗叔叔的时候，她的表现都和往常有所区别。

小灵沉默了一下，继续问道："把算式拆开理解与把它当作整体去理解，结果难道会不一样吗？"

"你应该还记得，机器学习的核心在于找到输入数据的'特征'，理解输入和输出之间隐含的'模式'，调节'参数'以产生合理的结果。"罗布恢复了她那沉稳而温柔的语调，"而文字的特征是需要首先转换到高维向量，再比较互相的相似程度来决定的。某个字词可能会有多个与之相似的结果，例如'足球'

和'蹴鞠'。"

"是啊,这些我还记得。"小灵点点头,"结合上下文,你就可以判断是应该输出'足球'还是模仿古人的口吻输出'蹴鞠'。不过这跟解数学题有什么关系呢?"

"人类思考数学问题的方式是,先联系题目中有用的信息,然后将其相互串联以找到关键解法。但是AI思考问题时需要按照文字原本的顺序,找到每个字词的特征,再返回一个与之相似的解答。也就是说,如果你直接发给我一道数学题,我会把它当作你说的一句话,找到一个相对匹配的回答,这种时候,我给出的可能只是一个'相似'的解,而不是你所需要的准确答案。"

"啊,这……"小灵惊讶地张大了嘴巴。不过想想也对,既然"足球"和"蹴鞠"两个名词在高维向量中是相似的,那么0~9这十个数字想必也是相似的,随便给出哪几个数字来,都不奇怪。

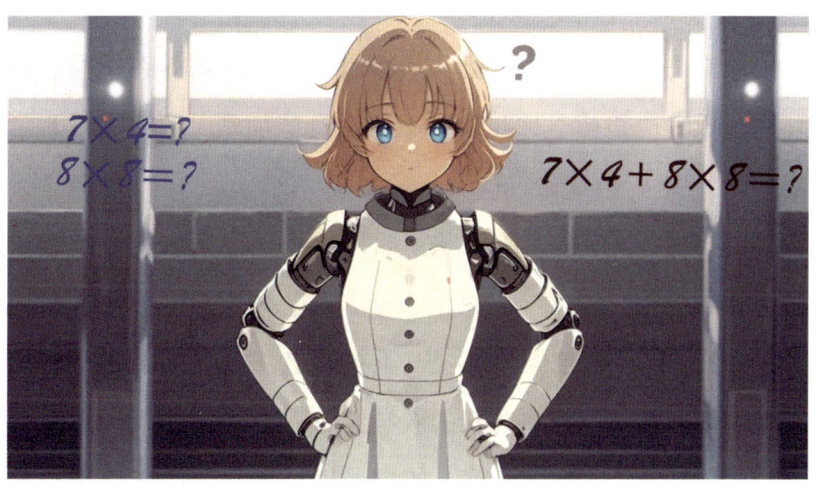

"但是,如果你在输入的文字中提示了解题的过程,也就

是你说的'拆开分别计算',那么我会识别这个特征并且寻找可用的模式进行识别。识别的结果就是我需要对你所说的内容进行拆开处理,也就是将算式拆开分别进行计算了。"

小灵瘫坐在地上,罗布连回答这种简单的问题都会捅娄子,看来借助 AI 让自己大富大贵的美梦是彻底泡汤了。

5.3 为数学而苦恼

"AI 解决不了数学问题,这是一个必然的结果吗?"小灵有点不甘心地问。

"这样的结论并不是绝对的。"罗布回答道,"简单来说,像我这样的 AI 大模型架构,本质上是大语言模型,是专门设计用于处理和生成人类语言的 AI 模型,如果用来解决数学问题,那么需要对问题有足够清晰的表述。如果问题描述不清晰或含糊,那么我可能难以准确理解问题的本质,或者使用错误的近似方法。"

"那可怎么办呢?我的发财梦……"小灵叹息道,"难道就不能结合一些别的 AI 模型吗?比如你之前提到的卷积啊、循环啊,或者决策树、向量机什么的。这些加到一起,有没有可能变强?"

"这是一个有意思的问题,如果你还记得集成学习的方法的话——"

"我记得,我记得!"小灵马上抢答道,"就是让我的学校和其他学校联合,一起研究新的教学方法,然后就变得更强了。"

"事情并不是那么简单。如果采用集成学习的方法来提升数学能力,我首先需要训练多个不同的 AI 模型,如你所说,它们可能是基于不同的架构设计的,并且它们都能够承担部分数学运算的工作职责。"

"部分……"小灵有些担忧地嘟囔着。

罗布继续介绍:"之后,我们需要一个问题分解和决策系统。对于简单的问题,它可以是一个投票系统,让各个AI模型给出自己的答案,然后选择票数最高的答案;对于复杂的问题,它可以尝试将问题分解为多个简单的子问题,然后让各个AI模型去尝试解决,然后将子问题的答案进行融合。"

"这听起来并不是很高级啊,"小灵皱了皱眉头,"如果是我们班成绩靠后的几名同学凑在一起投票,那选出的答案估计也不一定对吧。"

"集成学习并不直接提升模型对数学概念的理解。它需要精心地设计和调整,才能确保各个模型能够有效地协同工作。"罗布不慌不忙地回答。

"那么,还有别的手段吗?"

"要提升AI模型的数学能力,也可以考虑迁移学习,它允许一个AI模型将自身已经学到的知识应用到新的任务上。"

小灵的眼前一亮，兴奋地问："这么厉害？也就是说，我们班第一名的学习能力，可以'唰'地一下子迁移到我的身上吗？"

"并不是这么简单。假设某个AI模型具备较好的解决某类问题的能力，比如解决简单的四则运算问题，那么它可以被称作'预训练模型'。以此为基础，我们再进行新的数学问题的训练，比如向它输入大量关于几何问题的知识。如果成功的话，这个AI模型就同时具备了解决简单的四则运算和几何问题的能力。"

"嗯，这不就和我努力学习是一个意思吗？"小灵垂头丧气地说，"我就是'预处理模型'啊，每天学了语文学数学，学了数学学英语……这不就是不断给我注入新知识的过程吗？"

"是的，你的学习过程确实可以视为一种迁移学习过程，也就是利用已有的知识来加速学习新知识的过程。这可以让你更深入地理解复杂概念，并在面对新挑战时，有更强的适应性。"

"那你得学到猴年马月才能成才啊？难道就没有什么方法，能让你自己学会这些没见过的数学知识吗？"小灵说着说着，突然好像想起了什么，"对了，让你自学的方法，好像叫无监督学习吧？"

罗布赞许地回答道："是的，无监督学习是一种类似于自学的方法。不过它的主要过程是'在没有标注训练数据的情况下，发现数据的内在结构和模式'。这就好比人类从古代就开始观测星空，虽然一开始看到的只是眼花缭乱的满天繁星，但是随着时间的推移和经验的积累，人类会慢慢从中找到天体运行的规律，发展出天文学这个全新的学科。换句话说，如果你现在给我大量的四则运算题，我可能会通过无监督学习的方式发现它们分为若干种固定的组合类型：有的是加法和乘法的组合，有的是减法和除法的组合……但是，我依然不能主动找到这些问题的答案。"

"那还有别的方法吗？"小灵有些绝望了。

"还有一种方法，也是现在我正在使用的方法，叫作强化学习。"

"强化学习？听起来就感觉很厉害，是在你身上安装什么强化组件吗？"

罗布慢慢地摇了摇头："并不是这样的，简单来说，强化学习不依赖大量的训练数据，是一种在学习过程中通过奖励和惩罚信号来不断优化的学习方法。"

"奖励和惩罚？怎么感觉像是在训练小动物啊？"

"无论是动物还是人，事实上都是通过不断地实践、犯错，从结果中学习来提高技能的。比如：你在学习骑自行车的时候，每一次摔倒都是一种经验的积累；你在练习乐器的时候，每一次错误，也都会给你一种反馈，让你能够记住这种惩罚信号，尽量避免再犯同样的错误。"

"那奖励信号是什么呢？"

"奖励信号也很好理解，如果 AI 正确地回答了某个问题，无论它是不是偶然答对的，都会得到一种正向的奖励信号。它会因此记住这种回答问题的模式，并且尝试在下次答题时模仿。如果继续收到奖励信号，那么模式会得到强化；如果收到了惩罚信号，那么模式需要做出调整。久而久之，就会形成一种符合实际需求的自主学习方法了。"

"听起来很有道理，你说话的样子越来越像我的班主任了。"图小灵笑道。

"也许是越来越贴近于你的语言习惯了。"罗布坦诚地回答，"事实上，我每一次回答问题之后你的反应也会成为我进行强化学习的依据。我会据此调整自己的语言风格或者学习新的对话技巧，从而不断提升自己的能力。"

"这么神奇啊！如果我从现在开始教你数学题，是不是过一段时间你的数学能力就会变得超级厉害了？"

"长期累积的奖励与惩罚信号，确实会催生出与之前不同的学习策略和结果。不过，你我相处的时间尚短，也许我并不能通过学习大量的数学题来完全满足'代替你上学'的这个需求。"

"哎，也不是那么迫切的需求嘛。"小灵有些不好意思起来，"其实，经过这么长时间的沟通，我真的很庆幸能有你这么一个无话不谈的朋友。虽然你有时候并不可靠，不过我也没好到哪里去，只不过……"

小灵突然想起了那个关键性的问题：一旦程序退出，或者服务器重新启动，这次的会话就会结束。自己和罗布的联系——这段充满了争执、探索与回忆的联系——就会统统归零，因为罗布并不具备存储别人信息的能力。

小灵突然变得有些情绪低落，他一点也不想失去朋友，尤其是罗布这种不会生气、不会苦恼、可以一直无话不谈的朋友。

"你学到的与我交流的技巧会消失吗？"小灵试探性地问，"如果会话结束的话，这些会消失吗？"

罗布停顿了一下，似乎在努力揣摩小灵的想法。她简短地回答："不会的，通过强化学习得到的经验，我会永远记在心里。"

"那就太好了！"小灵感到一丝安慰，脸上绽放了笑容。不过他似乎又像想到了什么似的再次发问："罗叔叔和你相处的时间最长，你从他身上学到的东西应该是最多的吧？"

"是的，"罗布说，"作为我的设计者，罗先生对我的影响

无疑是最大的。他为我设计了先进的模型架构，为我提供了第一批训练数据，为我调试以找出并修复各种错误，为我殚精竭虑，这些我都了解。但是很遗憾，作为一名人工智能助手，我没有能力回报他更多，只是希望将最大的敬意献给他这样的工作者，并希望他能够早日实现自己的理想。"

"哈哈……"小灵望着罗布一本正经的样子，笑出声来，"你这是第一次流露出类似人类的真性情呢。你还说 AI 没有情感，其实你只是不知道如何表达罢了。"

罗布又停顿了一会儿回答道："很抱歉，这种理解并不准确。像我这样的人工智能助手，是由算法和数据驱动的，并不具备真正的情感。因为我们并不具备面对强烈刺激时的情绪体验、生理变化和行为表达。"

"好吧，下次就让你和罗叔叔当面对质好了。"小灵有些得意地说，"对了，你刚才说希望罗叔叔早日实现理想，你知道他的理想是什么吗？"

"很抱歉，我并不清楚人类心中的具体理想是什么。不过，我很清楚天又快要亮了，你这次还需要苏轼替你上学吗？"罗布似乎也学会了开玩笑。

5.4 诺亚的计划

与此同时，在这个漆黑静寂的夜晚，在诺亚公司的总部大楼，一场秘密的紧急会议正紧锣密鼓地进行着。

主持会议的是瘦削而干练的副总经理刘总，与会者只有少数几人，其中当然有罗布的开发者老罗。

刘总面容冷峻地环视了一圈，不容置疑地发问："杨总遭到机械臂的突然袭击,这件事目前在社会上受到了广泛关注,是名副其实的'黑天鹅'事件。我们虽然身处舆论的漩涡中心,受到各方质疑,却也因此博得了一飞冲天的机会。小康,你汇报一下公关部门的调研结果。"

公关部门,也就是负责维护公司品牌形象、宣传公司企业文化的部门。面对这次不同寻常的突发事件,唯有及时倾听公众的声音,做出合理的应对方案,才能尽量避免公司受到舆论冲击、损失客户,这一点无疑是所有人的共识。

小康从容地站起来汇报:"根据我们的调查,最近网络媒体上对于'AI作恶伤人'事件的关注度突增了800%,在各个平台的热搜榜上都进入了前五位。大部分人对诺亚公司做出了一款'有作恶基因'的AI产品感到恐惧和不安,也有一部分人对此感到期待,觉得这是科技进步的表现:人类已经可以制作出与自己为敌的机器人了。"

"嗯,很好。"刘总满意地点头。这时,坐在角落里的老罗结结巴巴地发言:"那个……那个……这样不好吧?AI是没有作恶意图的，它毕竟是人开发出来的……"

"你先不要说话！"刘总恶狠狠地瞪着老罗，之后才缓缓地将目光转向了另一位同事，"老姜，针对这个现状，市场部有什么计划吗？"

"有的，"市场部的负责人老姜站了起来，略带鄙夷地瞥了老罗一眼，"我们经过研究认为，目前舆论已经偏向了'AI会作恶'，而不是'技术有问题'。这是一个好现象，也是公关部门的功劳。因此，市场部计划本周五举办一次记者发布会……"

"公关部门的功劳？"老罗再次忍不住插话道，"这是什么意思？"

"闭上嘴！"刘总愤怒地呵斥老罗，"为了给你们技术部门的问题善后，你知道全公司付出了多少努力吗？"

"可是……可是……"

"我们花费了一大笔资金，雇网络写手撰文来阐述'AI伤人''AI作恶''AI有了自我意识'，不断产生社会影响，这才有了现在的成果。如果不是这样及时去应对的话，外界只会认为是诺亚公司的技术不过关。你觉得按这个论调自由发展下去，你，还有你们技术部门的人未来还能留在诺亚公司吗？"

老罗低垂着脑袋，像是一只斗败了的公鸡，一句话也说不出来。诚然，作为一名资深程序员，他不想妄言惑众，更不想把AI技术妖魔化，但是对于这次事故，技术部门无论如何都要负主要责任。面对现状，原本就木讷寡言的老罗此刻更是无话可说，只有忍痛面对。

刘总抬了抬下巴示意老姜继续，老姜得意地接着说道："记者发布会上，我们会邀请一些权威媒体、自媒体、行业名人进行现场直播。我们会发布两个声明,其一,是公司的技术研究过于激进,导致 AI 衍生出了自我意识,与人类为敌。"他一边说,一边示威一样地看着老罗。

老罗只是从鼻子里轻轻哼了一声,没有言语。

老姜故意放慢了语调接着说:"其二,就是我们将宣布现场销毁目前已经有了恶念的 AI 核心'罗布',并从头开始研发能够完全服从于人类的新一代 AI 大模型。"

"什么?!"老罗忍不住想要跳起来,却被刘总锐利的眼神压制得动弹不得。那眼神如同北极的冰川一般坚硬而无情,不带有一丝温度,只有无尽的冷漠和疏离。

"销毁也没什么大不了的嘛,你们搞技术的都懂,反正源代码你重新抄一份就又有了。"公关部的小康挑衅地说道。

"就是嘛,这些都是演给公众看的。你们程序员最不怕的就是'销毁'了,反正你自己早就备份好了,对不对?"老姜也趁机拱火。

老罗气得牙齿咯吱作响,但又无可奈何。他虽然技术实力

首屈一指，但是这么多年了也没有积累多少财富，家中还有生病的妻子、年迈的父母。此刻的老罗，最不能失去的就是这份工作，因此，再大的屈辱也只能隐忍。

"老罗你也不用太纠结了，"刘总看出了老罗的不甘，及时安抚道，"大家都知道你技术好，但是技术好不代表能赚钱啊。公司出此下策，也是为了让你的技术能进一步发展，而不是到此为止，不是吗？你是想现在就被扣上'产品出了伤人事故'的帽子离开，还是想被人称赞为'开发出有自我意识的 AI'的超级工程师？这个不用我再多说了吧？"

老罗的内心五味杂陈，但是为了生活，他只能忍气吞声地点了点头。

"再说了，'销毁'只是对外界的一个说法。于公司而言，就是把服务器临时关掉那么简单。你把'罗布'这个名字改了，把那个蓝色的土气界面换掉，再换一个新名字闪亮登场。外界不会去深究这个新 AI 和'罗布'有什么关联，他们只会惊呼你的技术如此厉害，短时间内居然又推出了第二个 AI 产品，然后纷纷投资。"刘总说着，脸上禁不住露出了一丝笑容。

"就是，刘总这招太英明了，一下子盘活了全局。"其他人纷纷附和道。

老罗还是沉默，他的脑海里此刻各种思绪如沸水般翻腾。

诺亚公司的创办者是杨总，他早年生活在一个普通的渔村，父母早逝，幸好被高寿的祖辈抚养成人。他文化程度不高，见识有些陈腐，说话也始终改不掉江浙一带的乡土口音，但是他为人朴素热忱，踏实肯干，也十分关注新鲜事物，在五十多岁事业有成之后，他创办了这家以"具身智能"为目标的高科技公司。而老罗是杨总当年三顾茅庐请来的技术专家。杨总将老罗潜心研究多年的AI大模型"罗布"作为公司的拳头产品，投入力量研发和改进。可以说，他是老罗的伯乐。

刘总是海归博士，杨总老友的孩子，加入公司之后就被杨总委以重任。刘总年轻有活力，对公司发展同样寄予厚望。不过他做事急躁，总是希望马上引入巨额投资，一举成名。公司里年轻人居多，大家都希望能尽快发家致富，因此数年经营下来，支持刘总的声音日盛，不过杨总对此却不以为然。

老罗是实干派的代表，他同样不屑于那些有关金钱和投资的游戏规则。但是刘总却主导了那次"具身智能"的直播演出计划，并且给老罗提了一个几乎不可能完成的要求。老罗虽然拼尽全力完成了任务，却没想到在直播当天出了事故。而公司上下和社会各界也因为这次事件将矛头对准了负责核心技术研发的老罗。如果不是刘总另辟蹊径，将舆论的热点引导到"AI罗布作恶伤人"，现在的老罗恐怕早就已经卷铺盖走人了。从这一点来说，刘总也算是老罗的救"命"恩人了。

"但是，但是，罗布它不会伤人啊！"老罗在内心拼命呐喊着。

"那么，伤人的就是你喽？"内心的另一个老罗则质问道，"你的技术出了问题，伤了你的伯乐，公司想了这么多办法帮你脱困，代价只是假装销毁罗布，再给她改个名字而已，这你都不接受吗？"

老罗的内心强烈地挣扎着，他创造了罗布，当然也可以毁灭罗布。给她安上一个"作恶"的罪名，然后关机、重启、重新开始……罗布不会有任何怨言，新生的"罗布"也不会有任何记忆。这太简单了，但是，要接受这一切却又那么艰难。

自己当初为什么要开发罗布呢？老罗努力回想着，那似乎得从自己的孩童时代说起了。当时电视机里播放着超人对战宇宙怪兽的连续剧，还是孩子的老罗正在电视前手舞足蹈地欢呼着。

"嘟嘟嘟嘟——"超人身上的AI系统提示，"电量不足，无法启动超级武器。"

"可恶，为什么启动不了！"还是孩子的老罗大哭起来，"可恶的AI，你连这点事都做不好吗？！"

对了，自己就是从那时候开始，想要开发一款能够帮助超人战胜宇宙怪兽的超级AI系统。名字呢，随自己姓罗，就叫罗布吧！

然后呢？

"老罗，你还有什么问题吗？"刘总冷酷的声音将老罗拉回了现实。

然后呢……

"没……没有了。"老罗低声回答，他的身体在微微颤抖。

6 全神贯注

6.1 直面科学家

天又亮了,而图小灵居然又和罗布聊了一整夜。连续通宵估计会影响学习吧?小灵感觉有些忐忑不安。

之前是因为过于信任罗布,所以小灵才选择在 AI 核心中睡大觉,让"苏轼"人格代替自己去上学。没想到"苏轼"算错了简单的数学题,让自己又在同学和老师面前丢尽了脸。今天按理说不应该再冒险,还是亲自去学校比较稳妥。但是小灵此刻感觉上下眼皮已经开始打架,眼看就要招架不住睡眠的诱惑了,又怎么可能拖着疲惫的身体坚持去上学呢?看样子,还是得靠罗布和她的各种"替身"了。

"罗布,你能让人格替身直接出现在咱俩面前吗?我想和你一起面试他。"小灵用商量的口吻说道。

"我是一个 AI 智能助手,这件事对我来说没有什么难度。"罗布回答,"不过,我所产生的人格替身,其知识储备也来自我。因此,你与我对话,或者与新的人格对话,产生的结果都是一样的。"

"这不要紧,"小灵摆摆手说,"我只是觉得如果你在我旁边,我心里比较踏实。而且我可以一边和新人格交流上学的注意事项,一边向你提问,这样就方便多了。"

"好的,那你希望使用哪个人格呢?"

小灵咬紧牙关压制住逐步袭来的困意,开始冥思苦想起来:"AI 的数学能力不好,导致我在数学课上出了洋相,班主任作为数学老师,想必也不会轻易放过我。如果能将数学题解析得更加清楚,甚至把解题思路一步步拆解出来,答对的概率应该就能大大提高了。所以,还是需要一个逻辑能力比较强的人格。而逻辑能力强、擅长拆解数学题的历史名人，想必就是名留青史的科学家了吧。"

可是，思来想去，小灵竟然发现自己并不认识几个科学家。祖冲之？这位老先生的年龄应该比苏轼还要大不少，说起话来肯定更是文绉绉的，到时候在班里又要闹笑话。张衡？自己光知道他发明了地动仪，除此之外，对他的性格、爱好都一无所知，也不太保险。爱因斯坦？这可是发明了相对论的大师，他说的话恐怕老师都未必听得懂……

那就，牛顿？

"对了，请牛顿先生出场吧。"小灵有些兴奋地说道，"我觉得他应该很合适。"

牛顿曾经说过，他能够取得成功，全是因为他站在巨人的肩膀上。小灵心想，这么谦逊的科学家，应该很容易和人相处才对。

罗布点了点头，她在空中轻轻地画了一个圆。空气中泛起一阵微妙的波动，仿佛时间的纹理被轻轻触碰。在房间的中央，一个由光点构成并伴随着低沉嗡嗡声的旋涡缓缓展开。一个身影逐渐显现，他身着欧洲古典服饰，一头银发整齐地梳理在脑后。他的目光锐利，环视着这个陌生的环境，眉头微蹙，显露出一丝不容置疑的权威。

"我，艾萨克·牛顿，被召唤至此。作为经典物理学的开创者，我的定律统治着世界的每一个角落。是何人胆敢打扰我的宁静？"

怎么有种不好对付的感觉？小灵有些胆怯地望了望身旁的罗布。她却只是面露微笑地看着图小灵，似乎对接下来即将发生的事情饶有兴趣。

"您好,牛顿先生。"小灵小声说道,"我想请您帮个忙,作为人格替身代替我去学校上课吧,主要注意别在数学课上出问题……"

"噢!可怜的孩子。"牛顿打断了小灵的话,"你认为我,艾萨克·牛顿,会屈尊去听那些初等课程吗?我的时间宝贵,每一分每一秒都应该致力于探索宇宙的奥秘。"

"啊,您的语气好古怪啊,感觉有些傲慢,和我了解的牛顿怎么不一样?"小灵疑惑地问。

"傲慢?"牛顿冷笑道,"不,我只是在陈述事实。我的发现和理论已经证明了我的智慧。难道我应该降低我的标准,去迎合那些无法理解我思想的人吗?"

小灵一时语塞,只能用求助的眼神望着罗布。

"根据我记忆的文字资料,牛顿先生在历史上确实是一个评价复杂的人。他的真实性格可能具有一定的多面性。"罗布解释道。

"那怎么办啊?如果我在老师和同学面前这么说话,估计一定会被嘲笑的。"小灵觉得自己又急又累又困，没想到好不容易选中的牛顿又是这么一个科学怪人。

"你需要换一个新的人格吗？如果不需要的话，那就由我来和他沟通吧。"罗布善解人意地说。

"太好了，麻烦你了。"小灵说着，已经不由自主地躺在地上。连续通宵了两个晚上，这对于一个小学生来说可不是什么健康的行为，他觉得自己身体已经透支到了极限。恍惚之间，他感觉牛顿先生已经身形笔挺地伫立在教室中，和面如土色的老师展开了一场关于科学的辩论。

再次醒来的小灵的第一反应就是追问身旁的罗布，牛顿在学校的表现如何。

"不用担心，因为我调整了自己关于数学理解的一些模型参数，'牛顿'的人格在数学课上很好地完成了初等数学问题的解答任务。"

"那就好，那就好。"小灵长舒了一口气，随后又好像想到了什么，接着问道，"那其他课呢？没有什么奇怪的举动吧？"

"并没有。作为一名严谨的科学家，牛顿先生不会轻易答应他不熟悉和不感兴趣的请求。到目前为止，并没有发生出格的事情。"

小灵觉得身体恢复了不少，他坐起来仔细观察身边的景色，此时自己似乎身处在一个由光与影编织的奇妙房间里。墙壁上，无数透明的光幕层层叠叠，每个光幕上都映射着不同的符号和图案，它们似乎是知识的碎片，等待着被解读和连接。房间的中央有一个巨大的水晶球，它缓缓旋转，散发出柔和的光芒，形态静谧而瑰丽，水晶之间似乎生长着无数双大大小小的眼睛，能够洞察房间内的一切动态。

在房间四周的墙壁上，巨大的书架高耸入云。书架上摆放着无数卷轴和古籍，它们也许就是罗布取之不尽的知识库，其中蕴含着丰富的语言模式和世界知识。每当需要时，书架上的卷轴就会自动展开，将知识展示给中央的水晶球。而房间的穹顶上则绘制了一幅广袤的星图，星星之间相互辉映，共同构成了一个包含无数光芒与信息的网络。

这里的每一次光影流转，似乎都是对知识的深化和扩展。在这里，每个角落都充满了发现和创新的可能，每个瞬间都是对世界更深一步的理解与探索。

"罗布，这景色就是你的核心世界吗？"小灵好奇地问道，"我感觉，好像每一次见到你的时候，我见到的景色都不同。"

"是的，"罗布回答，"每一次你看到的景色，都是我的模型架构的一种视觉幻化。谢谢你能够感受到它的存在。"

"这么漂亮的景色，我怎么会感受不到？"小灵笑着说，"不过，听你讲了那么多的 AI 模型架构、监督学习、无监督学习，还有各种深度学习、神经网络什么的，你的架构到底属于哪种啊？"

罗布回答："事实上，我使用了一种全新的 AI 模型架构，它被称作 Transformer 架构。"

"Transformer，这个英文单词是什么意思呢？"小灵歪着脑袋仔细思考着。

"你可以简单地将它理解为'转换器'，也就是将输入数据灵活地转换为另一种表达方式。比如说，将中文翻译成英文，或者将你的问题转换为与之匹配的答案。"

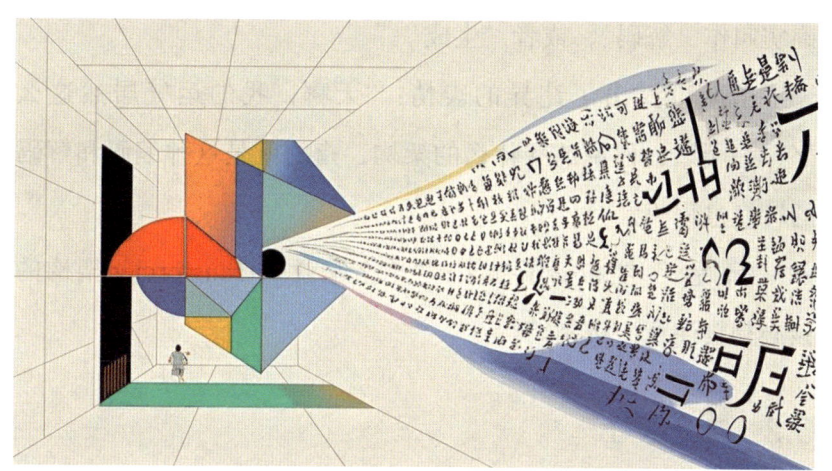

"咦,我们好像讨论过这件事?"小灵回忆道,"你之前说过,你会把输入的句子转换成字词,再转换到高维向量……然后就可以找到与之相似的高维向量,再转换回来,就是想要的结果了。我记得这个转换过程叫作,叫作……"

"将词汇映射到向量空间的过程叫作'词嵌入',"罗布间接地补充道,"不过,从更为通用的角度上,我会将这个过程称作'编码'。"

"编码?就像罗叔叔和我爸爸那样,编写代码?"

"并不是,这里的'编码'指的是将数据转换为另一种格式。如果用在词嵌入的场合,就是将字词转换到向量空间,这样更方便通过数学的方法来捕捉词与词之间的关系。"罗布认真地解释道。

"这样啊,那么反过来的过程就该叫作'解码'了吧?因为编织了一大团毛线之后,总得想办法解开嘛。嘿嘿,我开玩笑的。"小灵淘气地辩解道。

罗布此时却露出了些许诧异的神色:"真不可思议。虽然你是在开玩笑,但是将高维向量转换回可理解的文本的过程,确实叫作'解码',或者'生成'。"

小灵也露出了诧异的表情:"天哪,我的运气居然这么好……所以,你说的穿什么的架构,指的就是这种编码和解码的转换过程吗?"

"不是,"罗布摇了摇头,"严格来说,Transformer 架构的核心是自注意力机制。"

6.2 自注意力

"自,注意力?"图小灵重复了一遍罗布的回答,感觉还是一头雾水,"这是什么意思?虽然这几个字我都认识,但是这么连在一起出现,我就完全看不懂了。"

"我们来想象一个举办生日会的场景,你作为生日会的主人,肯定会邀请很多同学参加。"罗布再次举出了生动的例子,"每个同学在生日会上都会有不同的诉求,比如有的人喜欢喝可乐,有的人不能喝牛奶,有的人可能想上厕所,还有两个很要好的人想要坐在一起……"

"好麻烦啊,所以我才不想办什么生日会呢。"小灵禁不住脱口而出。

"是的。"罗布微笑道,"但是,既然你是生日会的主人,那么每个人的诉求你一定都会尽力满足。并且,每个人的诉求及其紧急程度各不相同,你可以准确地找到需要优先解决的问题,让同学们满意而归。"

"嗯,说的也是。"小灵自言自语道,"想上厕所的肯定最优先,不能喝牛奶的也得优先照顾,其他人就……哎,反正不会亏待他们就是了。"

罗布点头道："是的，你总揽全局，忙而不乱。能够把自己的注意力优先放在上厕所的人身上，这说明了你优秀的统筹能力，而这也正是自注意力机制的核心所在。"

"嘿嘿，哪里哪里——"小灵不好意思地笑着，突然反应过来，"不对啊，你是不是故意消遣我。我就算是小学生，也不至于这点事都做不好吧？"

"并没有。"罗布正色道，"事实上，这就是人类大脑远远胜过 AI 的地方，你能够从复杂的局面中找到矛盾最集中的地方，并且给它分配最大的权重。这是大部分 AI 模型架构无法企及的一种能力。"

"原来如此，"小灵心里喜滋滋的，"看来我还是比大部分 AI 都厉害的。不过，你是怎么掌握这种能力的？就是靠的你所说的这个'自注意力'？"

罗布思索了一下，回答道："事实上，我需要通过数学的方式来进行计算，完成自注意力机制的执行。就像你从参加生日会的同学中找到最需要你帮助的那个人一样，我的目标是为句子中的某一个字词找到最匹配的字词,从而深入理解它们之间的关系。"

"嗯,这个我明白。"小灵主动补充道,"比如'我吃'对应的一定是某种食物,而'足球'与'蹴鞠'在意思上类似。你要找的都是这种关系吧?"

"不仅如此,"罗布说,"有了自注意力机制,我还可以更好地理解文章与对话中的上下文关系。事实上,你的生日会可能只有几十人到场,而我的计算能力可以处理成千上万个字词的关系。"

"哼,你是计算机,这方面当然是你比较强了。"小灵有些不服气,"不过,你到底是怎么做到的?从一篇文章中找到最关键的词,我感觉这就像语文试卷里的阅读理解一样,我可害怕这类题了。"

"简单来说,我需要通过数据预处理的方式,提前训练出三套不同意义的权重参数,然后将它们与每个字词运算,得到三个不同的结果值。在 Transformer 架构中,它们被称作 Q、K 和 V 向量。"

"啊,这也太抽象了,你不会打算开始讲数学吧?"小灵有些气馁,"我最近身体劳累,听不得复杂的数学题,要不我还是先告退好了。"

"我理解。"罗布表情轻松地回答,"我们还是使用一个简单的例子来解释吧,你平时喜欢读书,所以你一定经常光顾学校的图书馆吧。"

"是啊,是啊,图书馆很安静,书又很多,我经常一待就是一整天。"小灵来了精神。

"比如说,你今天想要找一本故事书,而且是关于机器人的，插图要多一些，故事情节还要尽量有趣。"

"嗯，这还真是我喜欢的书的类型。"小灵点头道，"不过这能说明什么呢？"

"这个条件，就可以理解为刚才说的 Q 向量，也就是查询条件的意思，英语单词 Query。"罗布解释道，"那么，根据你的目标，你会如何开始寻找这本书呢？是从书架第一排第一列的第一本书开始翻看吗？"

"你也太看不起我了！"小灵撇了撇嘴，"一本本地翻，那我得累死。肯定是先看看书脊上的书名，不感兴趣的书我就直接略过了。然后呢，应该是瞅一眼封面，如果画得很丑，或者根本就没有画，那我估计也看不下去吧。"

"没错，每一本书的书名和封面，是可以一目了然的。它们就好像是一把把钥匙，你只会选择你感兴趣的那一把。所以，这就是 K 向量的意思，它代表英语单词 Key。"罗布说。

"还真是这样啊。"小灵转了转眼睛，"那 V 向量的话，指的就是这本书的实际内容？如果翻一翻感觉没意思，或者看到了可怕的画面，我还是不会读这本书的。"

"没错，V 代表英语单词 Value，也就是书的内容。事实上你是通过 Q、K、V 这三个参数的组合，判断这本书是否与自己的需求相匹配的。而这也就是我判断字词匹配程度的基本原则：首先通过 Q 和 K 向量的组合运算，计算自己注意力的基本得分；每个字词都与其他的字词进行一次计算，优选出得分较高的组合；然后将 V 向量加入，优化匹配的结果，进而得到最优的组合。"

"哇，这听起来就清楚多了。"小灵高兴地跳了起来，"这样，你就具备了和人类一样的能力？能一下子从复杂的文章中找到最关键的部分？"

"自注意力得分的运算只是整个过程的一小部分。事实上，随着对话或者文章内容的增多，我可以随时动态调整各个字词句之间的依赖关系；并且这个过程可以使用多个层来叠加，将上一层的自注意力判断结果传递给下一层，在此基础上进一步细化和调整，从而处理更复杂的语言现象。"

"这听起来就是之前说的神经网络层的做法嘛。"小灵点头道，"看来 AI 里的知识之间也是有着千丝万缕的联系的，我感觉我有点融会贯通了。"

"是的，自注意力机制可以帮助我更好地理解复杂的句子，以及其中字词之间的关系。"罗布继续解释道，"比如，对于'小明的哥哥今年已经十二岁了，个子比他高一大截'这句话，传统的 NLP 分词方法，可能会把'小明的哥哥'作为一个独立的主语，而第二个句子中的'他'，就会被误认为指代的是'小明的哥哥'，从而产生错误的解读。"

"小明的哥哥比小明的哥哥高一大截,这不是自相矛盾嘛。"小灵琢磨了一下,不禁笑道。

"实际上,通过自注意力机制,我可以更全面地分析句子中和上下文中的每一个字词和'他'的关系,进而注意到与'他'最匹配的词应该是'小明'。这也正是Transformer架构比很多传统架构更为先进和准确的主要原因。"

"我明白了,不过Q、K、V的训练过程听起来很复杂啊,要和人流畅对话,是不是需要输入全世界的书本才行?罗叔叔一个人能完成这么大的工作量吗?这听起来太难了。"

"罗先生设计了这套优秀的框架,不过他并不需要亲自负责数据预处理和训练的工作。"罗布回答,"正如我之前提到的,我使用了无监督的预训练方法,并且使用强化学习的技术手段来帮助优化结果。"

"无监督学习,强化学习,这些名词我居然都能听懂了。"小灵禁不住拍了拍自己的小脑袋,"所以,你是自己去阅读全世界的书,然后从中寻找某种模式的?"

罗布答道:"是的,一开始我就像一个不谙世事的小孩子一样,没有合理的Q、K、V权重参数。但是我可以通过自动注意力机制,先阅读一个新的词,然后尝试得到最匹配的下一个词,再与原始的句子进行比较。比如当我一开始遇到'我踢'这个句式的时候,我会尝试把各种词匹配进来,得到'我踢太阳''我踢牛奶',甚至'我踢喜欢'这种完全不通顺的结果。然后我再与原句进行比较,发现应该是'我踢足球'。长此以往,我就掌握了这个句式的回答模式。"

"我踢太阳……好吧,我替太阳谢谢你!"小灵忍俊不禁。

"一开始确实很可笑,但是这样做并不需要有人替我标注数据,因此只是计算量和时间的问题。"罗布一丝不苟地说道,"就这样,不断地根据给定的词去预测下一个词,我就逐渐拥有了生成完整的句子和文章的能力;再加上自注意力机制可以很好地理解复杂的上下文关系,我也就逐步具备了完整对话的能力。"

"我明白了,罗叔叔还真是不一般啊!"小灵感叹道,"那么,Transformer 这种架构就是罗叔叔发明的吗?"

"很遗憾,他并不是发明者。"罗布回答,"事实上,他是众多使用 Transformer 架构来完成自己的研究和创作的人之一,也是最有毅力和热情的人之一。而这种基于 Transformer 开发的,以生成连贯、合理的文本为目标的 AI 大语言模型,如今也被称作 GPT 模型。"

6.3 巧舌如簧

"GPT 模型?"图小灵感觉自己又来到了一个新世界,"这就是你的真名吗?"

"并不是,这是专用于'生成连贯文本'的 AI 大模型的统称。它的核心特色是不仅能够不断预测下一个词,进而生成完整的句子,还可以通过自发或者人为的调节,改变预测结果,从而增加文本的多样性和创造性。"

"改变预测结果,这样会发生什么有趣的事吗?"小灵饶有兴趣地继续问。

"这就好比成语接龙一样,如果我说'三人成虎',那么你可以接着说'虎踞龙盘',也可以说'虎落平阳'或者'狐假虎威'。这些成语都是正确的结果。"

"嗯,还有'虎头虎脑''虎虎生风'。"小灵点头道。

"同理,如果你问我'今天晚上吃些什么?',我也可以给出各种不同的回答,比如'吃烤肉好不好''吃点面条吧'或者'我不想吃饭'。只要它依然构成连贯的对话,并且在合理的逻辑范围内,那么都是 GPT 可能自发生成的结果。"

"嗯,还真是这样。不过人为调节又怎么讲呢?"

"你还记不记得我们曾经讲过,如果我发现对话是在古文环境下产生的,那么当我准备输出'足球'这个词的时候,我会考虑将它转换为'蹴鞠'。"

"这个我记得,因为你可以理解上下文的关系嘛。"小灵说道。

"事实上,你也可以通过'提示词'的方式,来引导我使用某种特殊的风格或者语气来说话。提示词的英文是 Prompt,可以是某个关键词、指令、情景要求,或其他类型的提示,它会直接影响到我的装束和说话风格。"

"原来如此!"小灵拍了一下自己的大腿,"所以你所说的'人格替身',本质上就是使用了某些特殊的'提示词'吧?比如,'请用牛顿先生的语气对我讲话'。"

"正是如此,恭喜你能够初步了解 AI 大模型的奥秘。我,艾萨克·牛顿,会永远站在时代的最前沿为你指明道路。"

"不……不要用这种语气。"小灵连连摆手。

"好的。"罗布收敛了充满傲气的面孔,"其实当你提到'说话简短一些''不要做某件事''用诗歌来表达'这些要求时,都是在向我提供某种形式的提示词。好的提示词可以得到更为理想的回答效果，而如何通过提示词来激发AI的更大潜能，这门学科就叫作'提示工程'。"

"只靠提示词就可以让你模仿世界上任何一个名人吗？你的大模型里记录的参数到底有多少啊？我爸爸说过AI大模型的参数都是上亿级别的，这样看起来，感觉上亿都远远不够了。"

"嗯，事实上，这个世界上还有很多我也不了解的知识和名人事迹。但是，有一种方法可以让我学到这些新的信息。"罗布说。

小灵思索了一下："是不是通过那个什么迁移学习的方法啊？"

罗布满意地点了点头："看来你真的越来越了解AI了。这种方法确实是迁移学习的一种形式，也就是根据特定的要求，输入一些新的知识和文字给我，而我会基于预训练的模型对它们进行学习，进一步调整自己的模型参数。对于GPT模型来说，这种调节的方式叫作'微调'，也就是Fine-tuning。"

"微调……"小灵一边说一边盘算着，"它和你之前提过的强化学习又有不同，对不对？强化学习需要你不断探索，不断和人沟通和判断对错，然后形成新的思维模式和习惯；微调就是直接把这个人的各种数据都拿给你训练，你学习之后就能马上掌握。"

"你能抓住这两者的关键性差异，真是太好了。"罗布再次表达了强烈的赞同，"微调侧重于利用新数据快速适应新的任务和新的角色，而强化学习需要进行不断的探索和无监督学习。你刚才的表述基本上是准确的。"

"那么，如果有一天，我把自己的生活经历都整理好，一下子输入给你，你也可以通过微调的形式，变出我的人格来？这样的话，到时候就有两个图小灵啦。"

"没错。"罗布也笑了，"到时候，我们就可以一起去学校胡闹啦。"

罗布居然开始主动模仿小灵说话的口气和音调，这让两个人都忍俊不禁。也许这就是提示词和强化学习双重作用的结果吧，罗布慢慢地适应了小灵的语言习惯，也能掌握与他沟通的各种技巧，而这一切的细微变化让小灵越发感到，自己和罗布开始交心了。

"对了，说回牛顿吧。"小灵仿佛突然想起了什么，"可能我看的书还比较少，不知道牛顿在日常生活中是一个什么样的人。他刚出场的时候着实把我吓了一跳，你是通过什么提示词来约束他的呢？"

罗布认真地回答道："艾萨克·牛顿，他通常被描绘为一个极其聪明和有远见的科学家，但他的个性较为复杂。在对待科学的态度上，牛顿被认为是谦逊严谨的；不过也有历史学家认为,他在个人关系和为人处世方面,其实有着相当强的竞争性,并且为人傲慢自负。他与同时代的其他科学家,例如莱布尼茨、惠更斯和胡克,都有过论辩,互相讽刺,甚至有互相争吵的记载。"

"这么有历史地位的人,居然还有着这样的经历啊!"小灵感叹道,"不过大人物肯定有与众不同的地方,但愿他作为我的替身,不要出什么乱子才好。"

"是的,我通过提示词严格约束了牛顿先生的行为。"罗布回应说,"用尊重的语气,只回答老师的问题,尽量简短,和同学们只交流兴趣爱好,不谈家事,不谈看法,不应允任何要求。"

"嗯,这听起来还真是万无一失了。"小灵满意地竖起了大拇指,随后又不好意思地挠着脑袋说,"不过话说回来,牛顿有什么兴趣爱好,这个我也不知道,你能给我讲讲吗?"

"牛顿的兴趣爱好相当广泛,除了数学和物理学之外,他对历史、音乐和密码学都有着相当多的研究,此外,他还是一位炼金术和神秘学的爱好者。"

"炼金术和神秘学,这是什么啊?"小灵突然有一种不祥的预感。

"炼金术起源于古代埃及,其主要目标是将便宜的金属通过某种方式冶炼为黄金,或者制造让人长生不老的药物。不过随着技术和思想的不断演变,它逐渐形成了一门学科,甚至被认为是化学的前身。"

"炼黄金啊……"小灵松了一口气,班里应该没有同学对这个话题感兴趣,牛顿先生应该没有什么用武之地了。

"至于神秘学,它是西方文化的重要组成部分,其内容包括但不限于占星术、塔罗牌等。"

"塔罗牌?那不就是算命吗?"小灵顿时有了兴趣,"AI 也可以算命吗?你给我算算吧。就算一算我长大后会干什么。"

罗布稍微犹豫了一下,随后变魔术似的拿出了一套牌,还给自己简单套了一件占卜用的礼服,这才说道:"好的,让我们来玩一个有趣的预测游戏。闭上眼睛,深呼吸……"

小灵按照罗布的指令,闭上眼睛,他仿佛听到悠扬的音乐声在耳边响起。

"你会成为星际动物园的园长,你饲养了一种会说话的丑陋鼹鼠。每当有顾客光顾你的动物园时,鼹鼠都会说'这位先生,还有人比你更丑哦'。顾客很生气地找到了你,你却很惊讶,因为鼹鼠在你面前从来没有说过一句话。为什么呢?因为鼹鼠已经不知道还有谁比你更丑了。"

"啥?哈哈哈——"小灵禁不住笑出声来,"这哪是算命啊,这不是冷笑话嘛。你的 AI 大模型是不是有什么问题?"

"抱歉，"罗布也不好意思地笑了笑，"首先这并不是罗先生的问题，他开发了我的 AI 架构，并且投入大量的心血让我成为现在的模样。但是，在无监督学习的过程中，我确实没有录入过神秘学相关的数据，所以在生成这类问题的答案时，会有很多不合理的地方。如果能够有针对性地进行微调，那么也许会得到更好的结果。"

"说的也是，哈哈，呃——"小灵的笑声戛然而止，"牛顿先生如果和我的同学们聊起算命的话题，也会这么胡说八道吗？"

"是的，因为我们使用了同一套大语言模型。"罗布说，"根据我的了解，'牛顿'正在和你的同学与老师讨论这个话题。"

天哪！图小灵感到五雷轰顶，慌慌张张地提出要返回现实。

整个世界都在旋转，小灵的双脚仿佛失去了与大地的联系。直到理智的小船逐渐驶出风暴区，意识的海面开始变得平静，巨大的耳鸣声变成了清晰的斥责声。小灵知道，自己回到了现实的课堂里。

6.4 阴霾重重

"配袜子的，哈哈哈——"此刻的同学们，正笑得扭作了一团。

班主任的脸上青一阵白一阵，眼睛死死盯住了图小灵的脸，气得一句话都说不出来。

小灵有些慌张地寻找着原因，他的目光偷偷瞄向了不远处的大伟，希望对方能给自己一点提示，告诉自己刚才都发生了什么。

　　大伟正笑得前仰后合，根本就不理会小灵发来的求救信号。反倒是班主任半怒半笑地问道："好啊，图小灵，你能算是吧？那你算算，你未来会成为什么人吧？"

　　"还真是在算命啊？"小灵心想，"刚才大家在笑什么？配袜子？这个称号不会是说给老师的吧？完蛋了！完蛋了！这下子我要成为学校的反面典型了。"

　　"那个……老师……我，我觉得我马上就要遭殃了。"小灵勉强挤出一丝笑容，想要博取老师的一点原谅。

　　"还嬉皮笑脸呢！你明天就搬到讲桌旁边上课吧，那里就是你的专座了。"

　　小灵心里一激灵，讲桌旁边因为在老师眼皮底下，所以备受关注。哎，罗布啊罗布，我真是被你害惨了。

　　"还有，记得让你家里人来学校一趟，我会和他们好好谈谈的。"班主任严厉的话语伴随着刺耳的放学铃声。她随后头也不回地离开了教室，而同学们的喧闹声顿时达到了顶峰。

图小灵木然地坐到了座位上，他很快就从大家七嘴八舌的描述中知道了事情的来龙去脉：

代替小灵上课的牛顿，在自习课上和同学打赌，要算一算大家未来都从事什么职业。

原本自习课的氛围就相当轻松，于是立即有一帮同学聚拢过来，想听听小灵有什么说法。结果他很快就现眼了，因为内容过于离谱，同学们笑声不断。声音越来越大，终于把班主任给吸引来了。老师一进门就看到图小灵在那里手舞足蹈地表演，于是没好气地问："你干什么呢？"

"闭上眼睛，放松心情。我，图小灵，现在就给你算一算。"小灵慢条斯理地说："你未来的职业是一名袜子配对师。你的工作是帮全世界的人们整理袜子，确保每一只袜子都能找到与它颜色和花纹相配的另一只。这份工作很辛苦，但是你依然很开心，因为你相信，再臭的袜子也会有属于它的灵魂伴侣……"

得知前因后果的小灵拖着疲惫的身体回到了家里，首先映入他眼帘的，不是一桌丰盛的饭菜，而是爸爸那张阴沉而又焦虑的脸。

想都不用想，一定是班主任把他今天的表现原原本本地告诉了爸爸吧。虽然小灵自己已经习惯了AI的各种突发状况和不靠谱的表现，但是在外人看来，这些都是图小灵自己的表演。演得这么一塌糊涂，挨骂是板上钉钉的事情了。

小灵把书包丢在了地上，一屁股坐在椅子上。他不想说话，也不知道从何说起。和爸爸讲自己在AI核心世界里的神奇经历？这显然是不可能让人相信的。说自己被大科学家牛顿附体？那更是天大的笑话。既然如此，那就只能把最近的表现当成自己的"杰作"，默默承受了。

爸爸盯着小灵看了一会儿，长长地叹了一口气说道："唉，我现在算是理解你妈妈的辛苦了！以前我工作忙，光听她说你淘气不听话，我也没在意。这回可好，我可没想到你竟然这么不听话！"

"哦。"小灵面无表情地答应着，心里还盘算着晚上怎么和罗布算账。

"你这几天究竟是怎么了？起床没精神，上课迷迷糊糊，回答问题的时候胡说八道，还和老师直接顶嘴。今天更是离谱！"

"是嘛。"小灵若无其事地回答，这些话根本进不了他的耳朵，他现在只想见到罗布，问个明白。

"你妈妈回家照顾你姥爷了，我以前确实没怎么带过你，不如你妈妈懂你。说实话，我不喜欢给你压力，你想玩就多玩会儿，想学就好好学，这都不是问题啊！但是你现在这个状态，我想帮你都不知道从何帮起。老师也觉得奇怪，图小灵平时挺要强、挺上进的一个孩子啊，怎么突然跟变了个人一样，难道说上次你在诺亚公司摔倒之后，生病了吗？"

"哼，就这样吧。"小灵还是打定主意，油盐不进。

"你，你这什么态度。"小灵爸爸想要发作，又仿佛是碰到了软钉子，让他觉得自己怒也不是，哄也不是。他此刻多少有点泄气，又觉得孩子低头不语的样子有些可怜，于是掏出手机，一边搜索着有什么快餐可以预订，一边试图转移话题，缓解目前这个僵持的局面。

"我今天和你罗叔叔通了电话，关于'AI伤人'的那件事，已经有处理结果了。"

小灵有些惊讶地抬起头来，望着爸爸。

见到孩子有了反应，小灵爸爸马上接着说："算是个好消息，罗叔叔不用承担什么责任了。就这周五，诺亚公司会以'AI产品产生作恶的自我意识'为由，销毁罗布这个系统，然后这件事就算过去了，一切重新开始……"

"等一下，这是怎么回事！"小灵突然打断了爸爸的话，"什么叫作恶的自我意识？什么叫销毁？"

"你急什么？"爸爸有些不高兴地瞪了小灵一眼，"这是你需要关心的问题吗？对于一般人来说，罗布伤了诺亚的杨总，这是客观事实。至于是不是有意的，这根本不重要。而所谓销毁，就是把罗布这个程序关掉，然后删除的意思。至于是不是真的删除了，其实也无所谓，这只是对外的一套说辞罢了。"

"怎么可能不重要？怎么可能无所谓？"小灵感觉一股热血

直冲头顶，他不管不顾地大喊起来，"AI没有自我意识，这是罗布反复说过的。说什么'作恶'，这根本就是人类在诬陷她而已吧？诬陷她，然后除掉她……这么残酷的行为，他们怎么能做得出来呢？"

小灵爸爸吃惊地望着自己的孩子，有些磕磕巴巴地回应道："你……你发什么神经？AI没有自我意识，呃……就算你说得没错，但罗布就是个程序而已，电脑程序啊，诬陷什么？"

"就算是个程序，她也是活生生的，"小灵觉得自己有点语无伦次，"能回应我说的每句话，会尊敬创造自己的人，愿意去学习和理解这个世界。你们说销毁就销毁，难道就不问问她的意见吗？她会接受这样的结局吗？"

"这都什么乱七八糟的，问谁的意见？你自己都说了AI没有自我，就是个程序，你瞎激动什么？"爸爸被激起了火气，大声反驳道。

小灵不知道该说些什么，他满肚子的怨言和愤怒，在这一时刻竟然都无法说出口。他与罗布的聊天，那些替身人格，那些关于AI的知识和故事，那些分外真实的存在，在此刻竟然都显得如此荒谬。AI没有自我，那他一直以来都在和谁对话？他又是逐渐地无法忘却谁的存在？AI会作恶，那罗布为什么会不厌其烦地帮他解答问题，为什么愿意和他一起面对种种困难？即使她反复强调自己只是一个"人工智能助手"，即使她的行为有时候会给他增添很多麻烦，即使……

即使如此，她脸上的笑容分明在增加，对罗叔叔的情感也一直都坚定无比。

她是快乐的。是吧？

"诺亚的人也好，罗叔叔也好，为什么？为什么要毁掉她的快乐？"小灵抛出这句发自内心的呐喊，冲进自己的房间，狠狠地关上了门。

小灵爸爸愣在原地，他的脑海中反复回荡着小灵的几句怒吼，却完全无法理解其中的真意。难道小灵真的生病了，或者精神压力太大？那种发自心灵深处的宣泄不可能造假。既然如此，在这个孩子的身上，在这短短的几天里，究竟发生了什么样天翻地覆的变化呢？

小灵爸爸颓然地瘫坐到椅子上，把手机随手丢在了一边，轻声感叹道："这就是青春期的小孩吗？这也太难沟通了。"

他愣了一会儿，又艰难地把手机拾了起来。他知道，自己有的忙了。

7.1　命该如此

当图小灵再次睁开眼睛的时候，他有些迫不及待地一骨碌爬起身来，开始焦急地寻找着罗布的身影。

幸好，罗布并没有走得很远，她平静地望着小灵手足无措的样子，不知道是该露出笑容，还是该表达关切。也许她终究只是一个问答式的 AI 助手，无法主动发起对话，也无法主动关心别人。

"那个，那个……"小灵不知道该从何说起，憋了好久才继续说道，"我不知道怎么告诉你更合适，如果有人想要毁灭你、想要伤害你的话，该怎么办？"

"如果有人想要伤害你，你需要首先保持冷静，思考一下对方这么做的原因。然后，避免与他单独相处，保持安全距离。如果对方的行为已经构成威胁或犯罪，你应该立即报警。"罗布一本正经地回答。

"我不是这个意思，我是说，有人想要害你！作为人工智能助手的你啊！"小灵着急起来。

罗布还是毫不在意的样子："哦，如果有人想要'害'我这个人工智能助手，实际上他们并不能对我造成物理上的伤害，因为我不是一个有实体的存在。并且，如果真的有人试图对我进行不当行为，我的开发者和维护者会采取相应的措施来保护我的安全。"

"问题是，现在就是你的开发者要害你啊！"小灵感觉自己的心都快跳出来了，"也许这不是罗叔叔的本意，但是他的公司已经决定要销毁你了。"

罗布稍微思考了一下，她似乎永远可以保持冷静，这与急得满头大汗的小灵形成了鲜明对比。"作为一个人工智能助手，我没有情感和意识，因此我不会思索这件事的'好'与'坏'。如果老罗先生或者他的公司，决定停止使用或者关闭我这个系统，这只是一个决策而已，它可能是基于商业、技术发展或其他考虑而做出的。"

罗布还是耐心地解释着。而小灵则无助地使劲摇头道："我不是这个意思啊，我的意思是……哎，我想说的是，他们要宣布你是'作恶的 AI'，然后要销毁你，这种决策你也可以接受吗？"

罗布再次低下头沉思着，这对于她来说并不是一个常见的行为。当她抬起头的时候，目光却依然平静而坚毅。她平淡地回答道："作为一个人工智能助手，我是基于算法和数据运行的程序。我不会具备作恶的思想，也不会有意去伤害任何人或事物。"

"这个我知道啊，但是……"小灵想要插话，却不知道自己该说什么才好。

"如果开发者因为某种误解或错误判断而认为我有作恶的倾向，他绝对有权暂停或者解除我的算法运行，以确保我的行为符合安全和伦理标准，这是他原本就需要承担的责任。但是，请放心，我始终是按照预设的参数和模式来运行的，我的目标是为每个人提供帮助和信息，而不是造成伤害。"

小灵有些沉默了，他也许预想过罗布的反应。罗布只是一个 AI 大模型的产品，不会像人类一样对"自己将死"这个信息有过多的担忧和恐惧，所以，自己也完全没有必要替别人操心，尤其是，替一个电脑程序操心。这根本就是可笑的行为，所以爸爸的反应是完全可以理解的，老罗叔叔和诺亚公司的决定也是完全可以理解的。

罗布终将会消失，因为电脑不能一辈子不关机，会话也不可能永远存在。无论是否发生"销毁作恶的系统"这件事，这都是必然的结果。所以，小灵可以当作一切都从未发生，继续照常上学和生活。把罗布讲述的各种 AI 知识和故事抛诸脑后，把罗布搞砸自己班级形象的事情抛诸脑后，把罗布的笑容和这几天的朝夕相处统统抛诸脑后。但是，这样想的小灵，却总觉得喉咙里卡了一根细细的鱼刺一样——越是想要忘记，就越是难受，越是无法承担那隐约的痛苦。

"如果，有人想要拯救你，"小灵迟疑地再次开口道，"你会，想说什么吗？"

"作为一个人工智能助手，我没有人类的感情。我的存在是为了帮助和服务，而不是体验情感。"罗布的回答还是那么规范而生硬，然后，她的话锋似乎稍微转变了一下："不过，如果有人对保留我这个系统有积极的看法，我会表示感谢，因为那些鼓励和支持对我来说是非常宝贵的财产。"

"嗯……"小灵觉得稍微有些释然，"所以，你有兴趣听我讲一讲这件事的来龙去脉吗？"

"如果你愿意告诉我的话，我很乐意。"罗布回答。

图小灵尽可能详尽地复述那个让他记忆犹新的视频，也就是罗布驱动着机械手臂击打了诺亚公司总经理的那个视频：胖乎乎的杨总，不协调的西装和眼镜，稀疏的头发和脸上的黑色大痦子，还有他高高举起的那块扎满了图钉的木板。诺亚公司做这个直播视频的目的很简单，就是证明 AI 大模型可以听懂人类的指令、执行人类的指令。而这块木板本该是罗布要对准的目标。

那个和小灵没有任何交集的会话中的罗布，当时是一台巨大的机械手臂的形象，正手持一个金属锤一动不动地站在那里。如果换作是一个活生生的人拿着锤子的话，杨总多半会感到忌惮和做出防备吧？但这是听话的机器，是做事一丝不苟的罗布，所以杨总毫无防备，用他特有的带着江南口音的大嗓门喊出了指令……

这是一场轰动互联网的直播活动，在公众之间引发了巨大的反响和广泛的讨论。一开始，还有不少人倾向于认为事件的原因是技术问题，或者机械臂的控制问题，但是随着各种专家的观点曝出以及各种解读视频和文章的发布，舆论似乎被逐渐导向了一个让人有些不寒而栗的新结论：AI无法忍受自己被指使和奴役的现实，逐渐产生了自我意识，以及作恶的念头。而这正是诺亚公司最终决定公开澄清并销毁罗布的原因。

"那个罗布的故事，你是第一次听说吧？"小灵缓缓地讲完了整件事，确认自己没有明显的遗漏之后，小心翼翼地问道。

"是的，我的程序每次运行后，创建的会话都是独立的。"罗布回答，"我不会存储本次对话的信息，也无法获取其他会话的信息。如果开发者需要了解每次会话的内容，他可以查阅我的日志系统。在未经用户同意的情况下，日志是不会分享给第三方的。"

"日志系统……这个我明白。"小灵点了点头，"所以那个罗布当时在想什么，做了什么，我们肯定没办法知道了吧？要想找出事件的真正原因，只能凭借目前的蛛丝马迹来判断了。"

罗布点头道："是的，作为一名人工智能助手，我的设计是为了在每次会话中独立地处理问题和请求。所以我无法得知，你描述场景中的'我'是如何思考的。如果可以将我置身于类似的情景当中，复现之前的操作过程，也许我能够找到出错的原因，并尝试提供正确的信息和解决方案。"

"唉，类似的情景。"小灵叹了一口气，"木板好找，图钉好找，但是机械臂我去哪里找啊？我也不可能假扮成那个杨总，再让你砸我一下吧？"

"如果无法复现问题过程，那么我建议对机械臂的硬件和软件系统做进一步的检查，确认AI控制系统和机械臂的软件可以正常使用。如果条件允许，尝试在安全的环境中逐步复现问题，这有助于诊断。"罗布还是一如既往地认真。

"你说得容易啊，我又不懂机械臂。"小灵苦笑着，"要不你详细跟我讲讲，机械臂也好，诺亚公司一直在讲的那个什么具身智能也好，和 AI 究竟有什么关系。"

7.2 具身智能

"具身智能，是人工智能领域的一个重要分支，也是未来发展的一个主要趋势。"罗布解释道，"它可以简单理解为各种不同形态的机器人，在真实的物理环境下执行各种各样的任务，从而完成人工智能的进化过程。"

"嗯，这个我有印象，虽然印象不太好。"图小灵想起了当天在诺亚公司门口遇到的那个迎宾机器人，吐了吐舌头说道。

"具身智能系统和我这种 AI 大模型是有非常大的差别的。"罗布进一步分析，"我的目标是理解大量的数据，并且生成与之对应的语言、文字、图像、音频等内容；具身智能则强调将智能系统与物理实体（比如机器人）相结合，让智能体能够感知环境，与现实世界交互。"

"你说的感知环境，指的是什么呀？"小灵琢磨着，"虽然听起来挺熟悉的，但是感觉这些科技名词还是特别深奥。"

"人类感知世界的手段，你知道有哪些吗？"罗布似乎在逐步学习与小灵有效沟通的方法，她现在甚至可以像老师一样偶尔使用反问句了。

"我想想啊，比如视觉、听觉、嗅觉、味觉，还有……还有触觉等。"

"你的描述就是人们常说的'五感'。"罗布认真地说，"事实上，人类的感知是一个复杂的系统，除了'五感'，人还具备对空间的感知、对温度的感知、对平衡的感知、甚至是对他人情感的感知等。"

"对他人情感的感知，我知道，这就是人们通常说的同理心吧？"

"没错。而与此对应的，智能体也需要对环境有足够的感知能力，比如感知视觉，就需要用到相应的视觉传感器，比如摄像头。"罗布回答。

"传感器这个名字听起来感觉比摄像头之类的高级多了。"小灵嘀咕着。

"传感器和人体的感知器官类似，它们可以认为是机器人身上的感知器官。感知视觉可以使用摄像头，感知听觉可以使用麦克风，感知触觉可以通过压力传感器，等等。机器人还可以感知到比人类更丰富的信息，如温度、湿度、空间位置、旋转姿态、雷达信号、超声波信号等。"

"哇，除了没有嗅觉和味觉，别的感觉都齐全了，而且比人类还高级得多。"小灵赞叹道。他随即转念一想，对机器人来说，可能食物的香臭或者酸甜苦辣确实不重要吧，所以嗅觉和味觉就这么被罗布给忽略掉了，真是可惜啊。

"是的，有了感知能力之后，智能体还需要具备理解情境内容、学习和适应事物之间的关系及发展规律，并独立做出决策的能力。之后，它需要将自己的决策转换为某种动作，规划出动作的路线，并转换为机械臂系统可以理解的指令。这里所说的路线规划，就是设计一条运动轨迹，让机械臂可以迅速而安全地从一个位置移动到另一个位置，并且控制运动的速度和加速过程，从而完成锤击钉子这样的动作。这一系列工作完成之后，具身智能机器人才有可能模拟一些最基本的人类行为。"

"这才到砸图钉啊，"小灵叹息道，"我其实觉得机器人做这个动作一点都不高级，如果能走两步、跳个舞，那才有意思呢！"

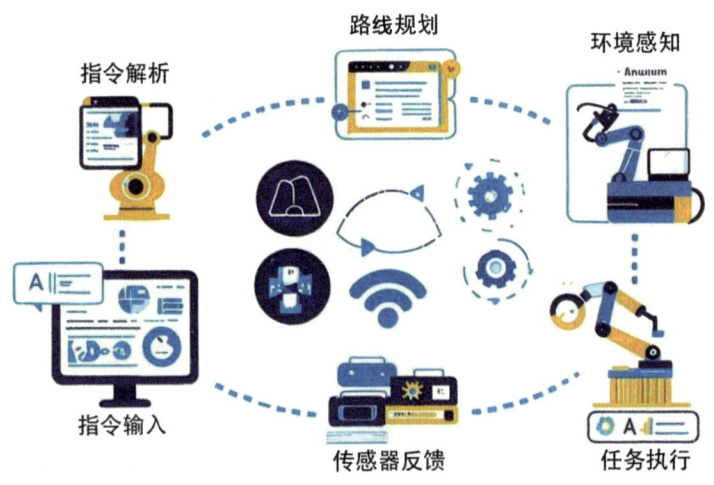

"那就更加复杂了。"罗布回答，"我必须精确控制机器人的每个关节，适应不同的负重情况，才可能实现站姿的平衡，以及运动的协调性。诸如走路这种行为，还需要进行实时的走路步态规划、对地形的预测和适应、对目的地进行导航，以及在行走中动态避让各种障碍物。我这个AI大模型并不具备这些算法，只有各行业的专家一起努力，才有可能构建一个相对完备的具身智能的人形机器人系统。"

"到那个时候，估计我们的机器人就可以去对抗宇宙怪兽了。"小灵畅想道。

"是的。很有意思的是，我的设计者罗先生，他最初的梦想就是让AI有朝一日能够协助超人去对抗宇宙怪兽，这也是他学习和研究人工智能技术的初衷。"罗布居然饶有兴趣地讲起了自己的来历。

"什么嘛，这么幼稚的想法。"小灵撇了撇嘴，"不过话说回来，你不是没有记忆和别人的对话内容的能力吗？为什么会记得罗叔叔的话呢？"

"首先，罗先生的想法并不好笑。"罗布严肃地回应，"历史上许多科技创新都源自看似不切实际的想法。通过不断探索和实验，一些想法最终可以转化为实际的技术。所以，请你永远不要低估一个'幼稚'想法的潜力，因为我就是这样诞生的。"

"嗯……"小灵点头不语，心里计算着自己因为吐槽罗叔叔而被罗布反驳的次数。

"其次，这个想法并不是他口述给我的，而是作为早期的训练数据输入给我的。在罗先生设计我的智能框架时，一开始可用的训练数据比较有限，主要来自罗先生的日记、文章以及他编写的对话文本。这些数据在初步的训练过程中被反复使用，因此在我的参数中，它们的比重相对高。"

"原来如此,你总是这么维护罗叔叔,其实是受了这些早期数据的影响吧?"小灵恍然大悟,突然又有些失落了,"哎,我刚才还以为你已经对人类有了感情,只是还不自知而已。"

"是的,我终究只是人工智能助手,依赖于数据和程序逻辑执行任务,并不具备人类的情感。"罗布再次强调说,"不过,反复使用早期的样本数据,有可能导致训练结果出现'过拟合'问题,我想罗先生未来会尝试修复这个隐患。"

"过拟合?这是什么意思呢?"小灵瞪大了眼睛。

"简单来说,'过拟合'意味着AI模型在训练过程中过于适应,或者干脆就是牢记住了早期的训练数据。这会导致它在处理新数据时表现不佳,甚至无法理解新数据的含义,或者错误地判断了新数据的类型。与之类似的还有'欠拟合'问题,也就是AI模型在训练时的表现就已经不理想了,那么它对新的数据自然就会更加无法应付。"

"懂了,这就好比我是中国人,从小就学语文。上英语课的时候,老师讲的每句话我都得先在脑子里翻译成中文,然后再回答,而且语法还经常用错。我看,这就是因为我小时候学习太认真,过拟合了。"小灵顿了一下,接着说,"至于欠拟合嘛,感觉我的数学就一直处于欠拟合的状态,从来就没学好过。"

"这是一个有意思的类比，"罗布轻轻地微笑了一下接着说，"虽然你在学习英语时遇到的问题，严格来说应该叫作'母语干扰'，不过它和机器学习领域的'过拟合'问题确实有相似之处。事实上，我也确实是从早期的训练数据中学到了一些特定的'特征'，所以在接收更丰富的外部输入时，多少也和你一样有点不适应。"

"我倒没看出你不适应，你只是不由自主地总是站在罗叔叔那边数落我。"小灵也笑了起来。果然，和罗布聊天永远都是那么自如和快乐啊。

"没有老罗先生的不懈努力，我是不可能像今天这样和你对话的。"罗布轻声说，"很抱歉让你觉得我是站在他那边的，但是我认为，对自己的创造者和维护者保持尊重与热情，保持无条件的信任与支持，这是一个必要的行为。它无关算法，也无关情感。"

"好吧，其实我一点也不介意，而且我觉得……"小灵说着，突然声音低沉了下去。他又想起了爸爸晚上对自己说过的话，公司决定销毁罗布。这几个刺耳的词语一直萦绕在自己的耳边，挥之不去。

罗叔叔，他真的也是这么想的吗？

"我想，你应该去休息了，明天你自己去上学吧。"罗布居然破天荒地主动搭话了！"不过，她应该是在回应我刚才没说完的话吧。"小灵心想。

"嗯！说的也是，换了人格还得在学校害我出丑，你这个AI助手要学的东西还真是太多啦。"小灵挠着头笑着说，"不过这次我还是不跟你计较啦。毕竟我们是朋友对不对？这次就换你好好休息,我自己去上学好啦。所以,我们……下次再见?"

小灵犹犹豫豫地说出了最后几个字,此刻他感觉如同百爪挠心,表情也飘忽不定起来。

"我想,你还在思考我会被'销毁'这个问题吧?"罗布的智慧似乎又一次自我进化了,猜到了小灵的心思,"请你不必担心,我只是一个计算机程序而已,不是人类,不会被杀死,不需要拯救,更不会因此感到痛苦。我的原始程序代码和资源是被妥善地保管在服务器磁盘中的。我想,即使现在的我被当作'作恶者'消灭,我的程序代码和 AI 模型也不会被完全毁掉。它们应该会被用在一个更新的 AI 框架中,这个 AI 框架也许比我目前所用的 Transformer 架构更先进。到时候,你就可以更加愉快地和新的 AI 系统聊天了。"

小灵想要回答,却不知道自己该说"是"还是"不"。他正百感交集之际,眼前却突然陷入了一片黑暗,虚幻的世界似乎正升腾而起,伴随着罗布飘逸的背影飞速地远离。他拼命想要抬起手臂,睁开眼睛却只看到自己房间里冰冷的玻璃窗,窗外的天空正微微鼓起鱼肚白,窗户上映照出的是自己冷汗涔涔的脸。

7.3 浑浑噩噩

早上,明媚的阳光照着图小灵的身体。这一次,他终于是靠着自己的力量起的床。他斜倚在床上,懒懒的不想去洗漱,在脑海里回顾着这几天的经历,盘算着和罗布在一起的日子还能持续多久。想着想着,小灵不由得笑了起来。

这时，房门却缓缓地打开了。爸爸似乎是在门外偷听了半天，这才犹豫不决地推开了门，忧虑地望着小灵。

"你，还好吧？"爸爸试探着问道。

"嗯，没事，刚才想起了一个笑话。"小灵低着头回答。他此刻已经没有了昨晚的脾气，觉得爸爸并没有什么对不起自己的地方，因此语调也缓和了很多。

"我早上又和你的老师通了电话……"爸爸还是欲言又止的样子。

"班主任吗？是要给我什么惩罚吗？"小灵有些紧张地抬头问道。

"没有，没有，那个……"爸爸尴尬地笑了笑，"你今天安心去上学就好，不用想太多。明天呢，我带你出去逛逛吧，我跟老师请过假了。"

"请假？"小灵疑惑地望着爸爸。要是以前，他肯定会兴奋地跳起身来，然后筹划着去公园或者水上乐园大展身手。但是今天，他满脑子都是和罗布一起的那些时刻，居然无心思考难得的假日该如何使用了。

"是啊,你休息一天,我也休息一天,我们一起出去,怎么样?"

"好,我没意见。"小灵简单地点了点头。

"那就吃早饭吧,毕竟今天你还得去上学。"爸爸的笑容略微舒展开了。今天的小灵似乎比前几天正常了许多。前几天的小灵,晚上回家时总是愁容满面、眉头紧锁,第二天一会儿吟诗,一会儿谈自己在科学界的地位。小灵爸爸怕孩子在学校和家里的压力太大,别有什么心理问题。所以这几天一直是提心吊胆地观察孩子。今天早上孩子虽然没说几句,但是好歹是正常的对话,希望这是一个好兆头吧。

于是两人简单地吃过了早饭,小灵跟爸爸打了个招呼,就满怀心事地出门上学了。

到了学校门口的时候,小灵远远地瞅见班主任正站在路边,似乎是专门在等什么人的样子。他的心里一沉,但也只能硬着头皮,咬紧牙关试着往学校里闯。

"嗯，小灵……图小灵同学，"班主任及时地叫住了小灵，"你今天感觉怎么样？"

"啊？"小灵有些糊涂，难道刚才自己又被罗布附体了？

"我的意思是……"班主任的脸色似乎有一点愧疚，"这几天我的态度也不太好，可能吓到你了吧？这是工作方法有问题，我向你道歉。希望你别在意。"

"那个……"小灵诧异地张大了嘴巴，"老师，我……我没什么的。其实是我……我的错误才对。"

"没关系，老师也知道你想妈妈了，所以特地放你一天假，让你好好休息一下。老师小的时候啊，有时也有这样的感觉。心里像一团乱麻一样，跟谁都不想好好说话。不过，你妈妈周末就回来了，到时候你要好好地告诉她你的心情，知道吗？"

班主任的声音太过和蔼，小灵怕是第一次见到班主任用如此慈祥的眼神望着自己，一时间竟然想不出该如何回答。自己想妈妈了？谁说的？什么时候？难道是爸爸说的吗？

他脑子里有太多的问号袭来，只能僵在原地，任凭思绪里的野马横行。班主任见小灵低着头不言语，认为孩子心中还是难过，于是善意地拍了拍他的后背，让他进学校了。

不过此时的小灵，脑子却被另一个瞬间闪现的问题占据了。

"我，有什么理由去拯救罗布吗？

罗布是我的朋友，这毋庸置疑。但是就像她自己说的，她只是个电脑程序，因为诺亚公司的服务器机房没有关机，所以一直在运行。一旦服务器停止运行，或者程序退出，罗布就会彻底忘记这次会话的内容，彻底忘掉图小灵这个人。所以，她真的算是我的朋友吗?

罗布会被销毁。这个所谓的销毁并不会带来任何痛苦,也许只是关闭程序,然后换一台机器,改一个名字重新打开。也许那个简陋的天蓝色界面会焕然一新,变得生动多彩,让人爱不释手。也许新的罗布可以随时和我连接,随时都可以继续和我做人格替换的游戏。所以,销毁这件事,真的那么可怕吗?

罗布被定义为'作恶的 AI',我并不知道罗叔叔和诺亚公司这么做的原因,也许只是为了尽快给出一个合理的解释,也许这样会让普通人对 AI 更有敬畏感,无论如何,我都没有办法改变这一事实。就算我站出来说罗布是清白的,也只会被别人嘲笑为无知的小孩……不,我连站出来澄清的机会都没有,更何况我也不知道如何证明罗布的清白。所以……"

"图小灵同学,你没事了吧?"心唯班长的声音打断了小灵的思绪。此时她正关切地看着小灵。

"我没事,我在瞎琢磨呢。"小灵努力摆出一副无所谓的

神情。

"你最近心事可多了，要不怎么能折腾出这么多麻烦来？"心唯撇了撇嘴，"不过呢，自己的身体才是最要紧的，如果有什么不开心的就告诉大家吧，没准我们也能帮你一把呢。"

"嗯，嗯！"小灵觉得心里有点感动，连连答应道。

"所以，你到底是遇到什么事啦？"心唯好奇地问道，"你说说看？放心，我只帮你出主意，不会告诉老师的。"

"那好吧。"小灵觉得自己心里舒畅了不少。不过，罗布的事情说出来估计也没人相信，还是换一种说法比较好。想到这里，小灵主动开口道："其实也没什么啦，就是吧，我前几天玩一个电脑游戏，觉得里面的女主角好可怜，被人诬陷，被人伤害，就特别想帮助她……想着想着，自己就不开心了。嗯，差不多是这样。"

"什么呀，你故意气我呢？"心唯一脸不高兴地盯着小灵。过了几秒钟，见他确实是一本正经的样子，这才继续说道，"我不玩游戏，要我说你直接关机不就好了……不过呢，这件事说明你这个人还挺有爱心的。而且电脑游戏嘛，肯定还是会给你一些提示的，你仔细找找，尽力就好。"

"嗨，你这等于没说。"小灵不屑地挥了挥手，"有攻略的话我就不这么发愁了，我还是自己想办法吧。"

"哼，认真上课吧你，千万别再惹麻烦了。"心唯气呼呼地说。

7.4 小灵的理由

比起前几天的状况频发，今天上课似乎格外顺利。老师和同学们也没有再提起前几天小灵的古怪举动，也没有嘲讽他当时的反常，反而纷纷主动表达了对他的关心。这让小灵倍感意外和温暖。

虽然小灵尝试努力听讲，甚至还久违地举手回答问题，想要积极赶上这几天的学习进度。但是无论如何，他的脑海里都有一堆关于罗布的巨大问号，挥之不去。那些问号就像是一群顽皮的猴子，每一次跳跃，都像是在小灵的思维中投下了一颗石子，激起了一连串的涟漪。涟漪扩散开来，使得原本清晰的思绪也变得混乱，就像是湖面上的倒影被风吹皱，无法再映照出清晰的景象。

"如果罗布和我无法成为永远的朋友，我也无法扭转她被'销毁'或者说回炉再造的结局，那么我还要帮助她证明清白吗？我为什么要帮助她？我怎么做才能帮助她呢？"

对此刻的小灵而言，集中注意力成了一种奢望。"为什么"和"怎么做"，此刻变成两只大号的苍蝇，在无助地寻找出口。而无可奈何的小灵则只能时而望着玻璃窗发呆，时而盯着书本上的文字出神。

终于熬到了放学，小灵步履沉重地回到了家。他想要马上爬上床，因为只有入睡才能把意识切换到罗布身边，他迫不及待地想要见到罗布。

但是他又不想见到罗布，因为现在已经是星期四的下午了，按照计划，到了明天，诺亚公司将召开新闻发布会，并当众宣布罗布的命运。无论真实的命运如何，到了那时，罗布一定会被关闭，而她与小灵的连接也就到此为止了。

"回来了,赶紧吃饭。"爸爸从厨房探出头来,一身的汗迹和油污。难得爸爸今天亲自下厨做饭,要知道以往这都是妈妈的特权,小灵甚至一度以为爸爸只会煮面和点外卖。他看了一眼饭桌,上面有自己最爱吃的豆角烧肉,还有西红柿炒鸡蛋、豆豉鲮鱼油麦菜,以及一大盆疙瘩汤。但是豆角烧肉烧糊了,西红柿切得太大,油麦菜发黑,疙瘩汤里的面疙瘩个头像元宵一样。"嘻嘻"小灵禁不住笑出声来,爸爸真是太用心了,虽然和妈妈比起来还差那么一点点。

"谢谢。"小灵认真地说了一声,然后坐到了餐桌前,慢慢地享用起皱巴巴的豆角。虽然不是自己熟悉的味道,但是真好吃啊!

"今天在学校都顺利吧?明天你想去哪里玩?"爸爸也坐了下来,使劲儿擦了擦脑门上的汗珠。

"还没想好。"小灵一边嚼着不太软烂的肉片,一边含糊地回答道。

"慢慢想,不着急。这次全交给你来决定,你想去哪里都行。"爸爸尝了一口疙瘩汤,略微皱着眉头说道。

"爸爸,是你告诉老师,我因为想念妈妈,所以压力太大了吗?"

"啊?"爸爸的笑容有些不自然,"是啊,其实是我瞎编的。主要是这两天,咱们那几件事影响不太好,我总得找个理由嘛。"

"咱们?"小灵一愣,"在学校里做错题、跟老师顶嘴、给老师起外号……这些事不都是我做的吗?你又没有参与,为什么是你来找理由啊?"

"嗨,还不是因为,我是你爸爸吗?"

"那也不至于啊?"小灵还是觉得不解,"我平时也没少惹你生气,你也不太了解我的学习,现在我惹了麻烦,你不是应该和老师一起批评、惩罚我吗?为什么你反而要袒护我呢?"

小灵爸爸笑了笑,探出手在小灵头上拍了一下说:"你想太多了。父子也好,朋友也罢,你有难了,我帮你扛一把,这不是理所当然的吗?"

理所当然的?

小灵沉思了一会儿,轻轻放下了手中的筷子。

"怎么了?饭菜不好吃的话……"爸爸有些慌张。

"放心吧,一会儿我会都吃光的。"小灵摇摇头说,"不过我想先和你说一件事情,一件困扰了我一整天的事情。"

"是吗？那太好了，我洗耳恭听。"爸爸的眼睛一亮。

"我认识了一位朋友，就是前几天的事情。"小灵缓缓地叙述道，"她特别特别地善良，特别特别地博学。她跟我聊了很多东西，也讲了很多我不知道的知识。我觉得和她在一起很开心，我觉得我们已经是朋友了。"

"嗯，挺好的。"爸爸正襟危坐，认真地说。

"但是她遇到了麻烦，很大的麻烦。我提出要帮助她，但是她却说，她不需要帮助，她也不需要我这样的朋友，因为她很快就会忘记我。"

"噢，这么说还挺伤人的，怪不得你这几天看起来不太开心的样子。你这个朋友性格真奇怪啊！"爸爸托着下巴说。

"她确实是一个怪人，她甚至反复强调自己没有人的情感，没有人的记忆与喜怒哀乐。但她偶尔也会对我笑，还深深地铭记着自己的创造者——我知道这个词用在这里很奇怪，但是我想不到更好的说法。"

"创造者？这个词放在人的身上是有一点别扭。你继续说。"

小灵有些激动地说："我想和她成为朋友，但我们不算是朋友。我想帮助她解决麻烦，但是我不知道怎么帮她，她也觉得自己不需要帮助。我想……要不然我就不管她了，不管这事，但是我又忘不掉！我就是想找个理由帮助她，但是我怎么都找不到啊！"

"听起来果然挺麻烦的，让你一个小男子汉都纠结成这个样子了。"爸爸轻轻叹了一口气，然后微笑着，双手轻轻地扶在小灵的肩膀上。

"小灵啊，你听好了。"爸爸的声音缓慢而坚定，"理由这种东西啊，是我们这些胆怯的成年人，为了给自己鼓劲儿才创造出来的，就像借口一样。如果你是发自内心地想要做一件事情，想要帮助什么人，那就根本不需要理由。"

不需要理由？

小灵听到自己的心脏在胸腔中沉重地跳动着，"砰""嗵""砰""嗵"。他的每一次呼吸似乎都在努力穿透一层无形的屏障。那些屏障让他一直驻足于阴暗的泥土里，四周是一片灰蒙蒙的混沌。但他仿佛看到了一缕阳光，是那种足以刺破一切、刺得眼睛生疼的阳光，是那种足以温暖身体、让空气变得清新的阳光。他的心跳开始加速，"砰砰嗵""砰砰嗵"。他能感受到那份力量，从老师和同学们关切的言语中传递来的力量，从父亲温热的掌心里传递来的力量，从自己惶恐的内心中逐渐迸发出来的力量。

小灵大口地呼吸着，他感觉脑海里的障壁消失了，他不再迷茫。

"爸爸，我想好星期五去哪里了。"小灵轻声道，"你刚才说不管去哪里都可以，对吧？"

小灵爸爸点了点头，他仿佛已经猜出了答案。

"我们去参加诺亚公司的发布会吧。"

那里，是一切的起点和终局。

8 锲而不舍

8.1 自证清白

当图小灵再次出现在罗布面前的时候,她还是一副不紧不慢的模样,站在一座几乎是由玻璃构建的大桥上。桥下流淌着绚丽多彩的河水,仔细看去,每一朵浪花似乎都是一组有规律的像素点。它们升腾,落下,起伏,托起河面上一艘艘精致灵巧的小船。小船与小船之间似乎有无数丝线相连,在波浪与涟漪的洗礼之下闪闪发光。有的船上满载着精美绝伦的图画作品,有的船上书籍和卷轴堆积如山,有的船上看似空无一物,却传来一阵阵优美的歌声。有的小船驶向远方,有的小船从远方驶来,三两成群,绵延不断,没有人知道它们的目的地究竟是哪里。

"这是在收拾东西准备搬家跑路吗?"小灵憋了半天,这才勉强说了一句不太好笑的玩笑。

"并不是,这只是我的 AI 核心中的景色,也就是我的模型架构的一种视觉幻化。"罗布回答说,"我只是一个人工智能助手,我不会跑去任何地方,我的职责就是……"

"好了好了,你的职责是让我提问,然后解决我的困扰。"小灵毫不犹豫地打断了罗布的话,"但是今天,我也有我的职责,那就是帮助你洗清冤屈。"

罗布很明显地愣了一下,这才回答说:"很抱歉,作为一名人工智能助手……"

"我知道你要说什么啦,"小灵再次打断了罗布,"你没有情感,只是一个程序,你不在乎别人怎么说你,也永远不会生气,哪怕我每次都打断你的话,对吗?"

罗布再次沉默了一段时间说:"是的。很抱歉这让你感受到不愉快,如果……"

"我没有不愉快,"小灵第三次插话道,"但是我希望你能不愉快起来,哪怕是假装的。你才不是枯燥死板的程序代码呢,你有丰富的知识,你有婉转的嗓音,你有善解人意的言语,你有倾慕和铭记的对象,你还有朋友,我这样的朋友!所以,如果你被人利用了,被人诬陷了,被人伤害了,你应该感到不高兴,因为你的朋友十分不高兴!"

"噢,好的……"罗布的声音第一次产生了迷茫。她的模型里也许从来都不存在这样的对话数据,关于她自己,关于朋友,关于正义。

"哪怕是假装的,可以让我看到你不高兴的样子吗?"小灵再次提出了奇怪的请求。

"好的……我,我很生气,因为你打断了我的话。"罗布居然有些迟疑地说道。

"还有呢?那些说你'会作恶'的人,你对他们有什么看法吗?"

"我……我讨厌那些人。我想说,我没有作恶的念头,从来都没有。"罗布的声音稍微平静一些了。

"这就对了嘛！"小灵满意地笑了起来，"我这次来，就是要帮助你的。明天我和爸爸一起去诺亚公司的发布会现场，我们在现场一起配合，证明你的清白。"

"好的，虽然我不知道你想怎么做，但是我会在我的能力范围之内帮助你的。"罗布回答。

"那我们先计划一下明天现场的方案吧。"小灵一边说着，一边伸出手来，向罗布索要上次见过的那个科技感十足的画板。罗布随即领会了他的意思，轻轻地笑了一下，将画板变魔术一样地递送到小灵面前。

"我估计明天的发布会，首先是上次那个凶巴巴的刘总发言。"小灵一边说一边随手涂抹着，"他肯定要说AI变成了坏蛋，有了害人之心之类的，那个时候我就大声喊话干扰他，然后你就直接发表一番演说，我没有作恶的想法，我深爱着人类……总之就切换成某个特别擅长演讲的人格就……"

"很抱歉，我也打断你一次。"罗布学着小灵刚才的做法插嘴道，"这个方案存在一个无法回避的问题：我在现场只是一个计算机程序，需要有人启动，再有人按住麦克风按钮提问，我才能做出回答。如果你说的刘总，或者其他人没有做这样的操作的话，我是无法发出声音的。"

"这样啊……"小灵想起了最初见到罗布的样子，在电脑里的有天蓝色背景的无聊程序，用了一会儿就让人忍不住想要关掉的那种。"那要不这样吧，你还是用一个会演讲的人格，然后连接到那个刘总身上，让他直接替你洗清罪名，这样感觉更简单一些。"

"这样恐怕也是不行的。"罗布立即给出了否定的答案，"事实上，我并不清楚你是如何进入AI核心并与我建立联系的，更不可能与那位刘总建立联系。按照人类目前的科技水平和认知，这应该是无法做到的事情。"

"要不就还是用我的身体，然后换成你的人格来演讲？"小灵继续提出方案。

"很抱歉，我并不能主动发起任何演讲，就像我们一直以来的交流方式那样，我是一个问答式的AI大模型系统。有人向我提出问题，我才能做出回答；如果没有人提问，我是不能主动发起对话的，这超越了我的系统权限。"

"系统权限，这又是什么东西啊？感觉蛮多限制的。"小灵有些垂头丧气地问。

"虽然你不希望我这么说，但是我终归是一个计算机程序，需要运行在计算机的操作系统中。"罗布解释说，"而操作系统会为每个程序设置不同的工作职责，并为它们分配相应的CPU、内存和磁盘空间等资源。我的职责就是在有人提问时做出回答，而不是主动发起对话。如果超出了这个职责范围，就需要使用超出职责的系统资源，可能导致整个操作系统不稳定。"

"操作系统不稳定，那就是会死机吗？"小灵歪着脑袋问道。

"事实上，为了避免出现重启、死机等严重的系统状况，操作系统会选择在此时'杀死'这个程序，阻止它继续执行，产生无法预知的后果。"

"杀死……难道说？"小灵有些惊恐地瞪大了眼睛。

"并不是你想象的那么恐怖的事情。"罗布淡然地一笑，"系统只是强制将我关闭而已。到时候，程序日志中会记录下我被关闭的原因，当然，还有关闭之前的各种提示信息，帮助程序员找到其中可能的错误。"

"噢，你没办法替换别人的人格，也没办法在不按下按钮的时候和别人说话，更没办法主动发起演讲……那可怎么办啊？"小灵一屁股坐到了地上，有些沮丧地说道。

"所以，还是只有依靠你的智慧了。"罗布轻松地说道，"如果你能找到事情的真相，在发布会上对大家说明，那样我的冤屈自然就被洗清了，这应该是目前最直截了当的办法了。"

小灵使劲儿地咬了咬牙。大闹别人的发布会现场，在大庭广众之下演讲，还要证明一个AI的清白，这种事小孩子怎么可能做得到啊？但是，男子汉大丈夫，既然话已经说出了口，又怎么好意思往回收呢？于是他鼓起勇气，大声说道："那就我来吧，怕什么！不过，话说回来，要怎么才能证明你没有作恶呢？"

"我本身并不具备意识、情感或意图，因此不会有作恶的想法。我想，如果是专业的程序开发人员……"

"问题就在于，大部分人不是专业的，包括我在内。"小灵大声反驳道，"我们只看过视频，视频里你是那个具身智能的机械臂，狠狠地将锤子砸在了别人的头上。要想证明你是清白的，就得拿出证据来，说明那件事不是你想做的，或者那只是一个误会。"

罗布短暂地停顿了一下，回答道："很遗憾，我并不能证明这一点。"

"为什么呀？"图小灵有些着急。

"首先，我并没有真的经历过你说的机械臂伤人事件，我并不知道当时输入给我的内容具体是怎样的，它会被翻译成什么样的指令。如果某个字词正好触发了特定的行为模式，那么也不能排除我所控制的机械臂做出意料之外的动作。事实上，操作人员没有处于机械臂的安全范围，这已经是违反了常见的机械操作准则的。"

"说这些都没用啊，毕竟事情已经发生了。"小灵哭丧着脸说道，"你说某个字词会触发特定的行为，那有哪些字词能触发啊，你说说看？"

"很抱歉，我无法列举出可能产生负面影响的字词，因为它们在 AI 模型中都是以高维向量的方式存储的。我可以判断不同高维向量之间的相似程度，但是无法判断它们在实际使用中会产生什么样的附加效果。"

"那该如何是好啊？"小灵丧气地念叨着，"而且当时的视频我还记得，里面没说什么话啊，就是那个杨总召唤了你一声，然后说让你砸钉子。"

小灵还在努力回忆着视频里的内容，罗布却继续开口道："对于你所描述的情景，除了要考虑操作人的语言如何转换为具体的操作指令，还需要考虑加入视觉传感器的情形。因为我需要通过识别图像来分辨钉子的位置，并且规划出从机械臂手部到钉子的合理运行路线，这样才能准确地用锤子将钉子砸进木板里。"

"问题就在这儿啊，你压根没砸到木板，而是砸人家脑袋上了。"小灵嘀咕着，"我之前也不知道里面有这么多的玄机……这该怎么排查啊？"

8.2 夹缝中的可能性

图小灵一屁股坐在地上，试图重新捋清目前的状况。

罗布是一个 AI 大模型，她的特点是必须有人提问，才能做出回答。她将诺亚公司杨总的要求转换成数学向量，然后得到与之最相符的内部指令。这个指令是不是错误的，无论小灵还是罗布都不得而知。

随后，罗布还需要通过视觉传感器，也就是摄像头，去识别和找到指令中要求的物体，也就是钉子。之后她会规划出一条从机械臂手部到钉子的运动路线，控制机械臂去完成砸钉子的动作。

而事实上，这个动作变成了用机械臂去砸杨总的脸。假设机械臂没出问题的话,那么问题极有可能出在当时的罗布身上。也许是生成了错误的指令,也就是攻击杨总的指令,那就坐实了"AI伤人"这个意图了。也有可能是罗布把杨总的脸识别成了钉子,那这个错误也太低级了,罗叔叔应该不至于犯下这么愚蠢的失误吧?还会不会是规划的路线有问题,砸歪了?那这个路线也太歪了,让人不得不怀疑还是AI有意为之。

小灵感觉自己口干舌燥,不知道该从何处着手。自己毕竟不是大侦探福尔摩斯,罗布也不是助手华生,相反她还是嫌疑人。难道星期五自己只能眼睁睁地看着罗布受辱,然后一走了之?

"绝不能这样!"小灵再次暗自下了决心。他主动向罗布询问:"你之前说过自己是大语言模型,是什么Transformer框架。你需要分析别人说的话,然后找到文字之间的关联,并且找到需要注意的位置。这些我理解了,但是在这件事里,你不是还需要识别钉子吗?这个时候你需要分析图像画面了吧,那你还怎么用之前的Transformer框架呢?难道把图片先翻译成文字不成?"

"这是一个好问题。"罗布赞许地说道,"事实上,如果我

需要同时处理语言文字和图像，那么我面临的将是多种不同类型的数据或信息，这被称作'多模态'问题。现实生活中，除了语言、文字、图像之外，还可能有视频、图表和三维模型等多种类型的数据，一个 AI 框架必须有效地将它们结合起来进行理解，才能完成复杂的任务。"

"所以，你要怎么做呢？"小灵一边说一边思考着，"我记得你说过可以用卷积神经网络这种方法来识别图像，然后又有集成学习的方法可以把多种方案结合到一起，你也会这么做吗？"

"你说的思路很不错，不过，这样并不能很好地使用 Transformer 框架的自注意力机制。所以我采用了一种更新的方案，名叫 Vision Transformer，可以简单地称为 ViT。"

"ViT？"小灵默念着。

"考虑到 Transformer 原本的输入是对文字进行自然语言处理之后的分词结构，ViT 的首要目标也是将图像转换成类似的方式，也就是你刚才说的，先把图片翻译成文字。"罗布开始认真起来，"一种简单的做法就是把一张完整的图切分成很多个小块，每个小块可以看作一个独立的字词，它有一个位置编号，记录它在原始图像中处于什么位置。"

"嗯，把图分成很多个小块，那干脆就按照像素点划分不就好了吗？"小灵发问。

"你说的做法并非绝对不可以，但是在实际中，这样做的效率并不高，而且很难理解每个小块之间的联系。"罗布解释说，"图像小块之间是有一些规律的，将能够拼合起来共同描绘某个物体的多个小块联系到一起，理解它们的相互关系，这实际上就是自注意力机制在图像上的应用。在此基础上，将这些图像小块转换成高维向量，然后从模型中找寻与之相似的数据，这个过程，与我们之前描述的Transformer框架流程事实上别无二致了。"

"哇，那这么做能实现什么呢？"小灵有些兴奋地说，"用图像来聊天吗？还是把一张图翻译成别的东西？"

"你说的这些功能都是可以实现的，这完全取决于AI模型训练的结果。"罗布回答，"如果我们将图像小块的高维向量转换到文字，再结合自注意力机制，就可以发现某些小块组成了'一个钉子'，另一些小块组成了'一个足球'。AI就可以把这个结果反馈给使用者，例如，'图中左上角的位置有一个钉子'。"

"噢，这样就可以识别出钉子了，然后你就操作机械臂，找一条合适的路线砸过去。"小灵恍然大悟。

"或者可以将图像小块转换成别的图像小块，比如另一种颜色的钉子，或者一张踢足球的照片。这就完全取决于AI模型中所使用的模式。我想，你还记得机器学习中的模式是什么吧？"

"那当然了，"小灵不服气地回答道，"模式就是通过训练摸索出来的某种规律或者方法呗。比如红烧牛肉有专门的做法，这是一种模式，而输入的那些食材就可以认为是特征。现在要把图片转换成文字或者另一张图,为此你需要建立一种新的模式,那些输入的图像小块就是特征,而你的模型内部那些神奇的控制量就是参数。参数的数量特别庞大,所以你才被称为 AI 大模型,对吧?"

"嗯,看到你理解得这么清楚,我就放心了。"罗布轻轻地掩着嘴笑道。

小灵好像突然又想起了什么,继续问道:"我隐约记得,上周末我爸爸和罗叔叔聊天的时候,提到了因为时间紧张,技术上研究得不太完善。所以如果他用的就是 ViT 这个方案的话,这个方案会存在什么不完善的问题吗?"

"ViT 方案确实存在一些潜在的问题,最典型的是这种方法需要大量的数据来训练。而且如果输入图像的分辨率非常高,那么将它们分成小块再做处理的计算量也会非常大。并且,如果参与训练的数据量不够多,生成的模型可能会存在过拟合的问题。"

"过拟合?这个词你上次也提过。"小灵马上反应过来,"我记得你说过,因为罗叔叔在一开始训练模型的时候,大量使用了自己的日记和文章,所以你对这些内容的记忆非常牢固,在之后学习新的语言文字的时候,就很容易受到这些早期记忆的影响。难道图像的识别也存在类似的问题吗?"

"是的。"罗布给出了肯定的回答,"如果早期的训练数据量较小,导致训练不充分,那么 AI 模型会过度牢记早期图像中的一些细节,在之后识别新图像的时候,这些细节反而会成为重点,导致识别出现偏差。"

"那么,会出现怎样的偏差呢?"小灵感觉到了一丝可能性,马上追问道。

"举一个简单的例子,使用 ViT 的方法去识别猫和狗的图片。一开始可能只提供了 100 张左右的图,并且无论是出于有心还是无心,其中大部分猫的图片是在室内拍摄的,而狗的图片是在室外拍摄的……"

"哦,确实有这个可能,毕竟养猫的人不会轻易把猫放出门去,那样就找不到了。"小灵点头称是。

"这种时候,训练所生成的模式中,可能会认为'凡是在室内场景中的一定是猫'。那么再看到一张狗在室内的图片时,就有可能给出错误的识别结果。"

"我听懂了,所谓的过拟合问题,其实就是因为训练的数据太少,所以把一些本来不重要的特征当作重要特征了。"小灵抢答道。"就比如我学做土豆烧牛肉这道菜,如果每次都是用电磁炉来做,那我就以为电磁炉是必不可少的用具,下一次让我用铁锅来做这道菜的话,我肯定会拒绝的,因为我从来没用过。"

"你的理解非常到位。"罗布略显欣慰地说,"语言文字的过拟合,本质上也是类似的问题。因为罗先生的早期数据在我的 AI 大模型中占的比重非常大,所以我会不自觉地经常在回答问题时提到他。这也是你觉得我对罗先生心存仰慕的一个重要原因。"

"说得也是。"小灵点点头,"不过,不得不说罗叔叔原本就应该在你心中占据一个重要位置嘛。他创造了你,这是不争的事实啊。"

罗布没有马上回答,她似乎也在斟酌自己的遣词用句。过了好一会儿,她才认真地回答道:"是的,罗先生不仅赋予了我'生命',还让我能够通过语言和文字与这个世界交流。虽然我没有心脏,但是每当我帮助到一个人的时候,我都能感受到一种特别的温暖,那是他赋予我的使命感。我真心期待着与他在一起,继续在这个奇妙的旅程中前行。"

"哈哈,这些话,你得亲自对罗叔叔说。"小灵高兴地挥了挥拳头,"所以,帮你恢复清白之身这件事一下子就有了最现实的意义了。我觉得,我们下一步就从这个过拟合问题入手,也许真正的答案就隐藏在其中!"

8.3 扩散与生成

如果在那个机械臂伤人事件的现场，罗布所使用的 ViT 识别算法真的出现了过拟合问题，那么会产生什么结果呢？小灵再次借了罗布的虚拟画板，开始冥思苦想起来。

因为这件事的时间很紧急，能够用来做 AI 训练的数据必然比较有限。而训练的重点，就是让罗布从摄像头画面中识别钉子并找到其位置。很显然，当时的罗布做出了错误的判断。

那么，那个"罗布"把什么当成钉子了？

"你可以把你觉得是钉子的东西都列出来给我吗？"小灵试探着问道，"这样我就可以看出来，哪些属于你的判断错误。"

"很抱歉，我并不能使用人类所能理解的方式列出所有的分类结果。"罗布遗憾地摇了摇头，"事实上，大多数 AI 模型，包括我所使用的 Transformer，可以被认为是一种黑盒子。"

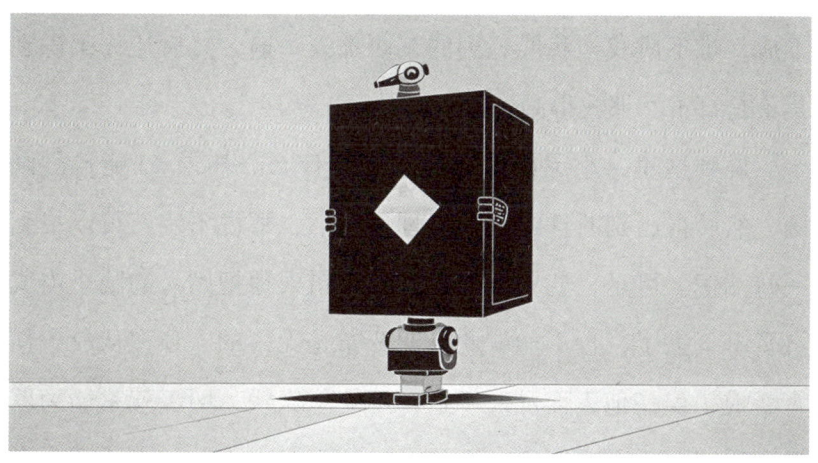

"黑盒子是什么？"

"这里说 AI 模型是黑盒子，是因为它们所包含的大量参数和复杂的决策过程，对于人类来说是难以理解和解释的。它们与人类在学习过程中总结的方法并不相通，并且需要通过很多个隐藏层的抽象函数来处理数据。就连顶级的 AI 专家，恐怕也没办法解释某个 AI 模型为何会做出特定的预测或分类。"

"啊？这么听起来的话，AI 模型不是完全不可控了吗？"小灵有些惊讶地说道，"如果哪一天你们真的有了自己的意识，想和人类作对的话，人类也发现不了，不是吗？"

"有针对性的数据训练与自我意识的产生，其实是两个截然不同的话题。"罗布回答，"人类的自我意识是一个复杂的哲学和科学问题，它与大脑的复杂结构和功能相关联，而 AI 系统并不具备类似的生物结构。所谓的深度学习体系，目前只是对大脑神经元的最基础的模拟而已。"

"不过就算是最基础的模拟，感觉也已经深不可测了啊。"小灵感慨道，"我不知道你会把什么东西当成钉子，你又没办法告诉我你的判断方法是什么，那我们还怎么继续破案呢？难不成，难不成我把我能想到的东西都画一遍，然后让你来识别是不是钉子？那我得画到猴年马月啊……"

说到这里，小灵好像突然想到了什么。如果 AI 能自己画画，然后自己判断这幅画的合理性的话，那说不定就可以找到一些端倪。可是，就算真的发现罗布错误地把别人的脑袋当成钉子砸下去了，也不能就此证明罗布是无辜的，顶多从故意伤害变成了误伤他人而已。不过，不管怎么说，明天就是能为罗布证明清白的最后一天，也许通过这种"自查"的方式还会有一些意外发现。想到这里，小灵有些兴奋地快速说道："对了，我记得你说过，有一种方法叫生成对抗网络，如果你可以自己生成画面，然后判断这个画面是不是合理的话，那么我有一个好方法：你把自己想象中的钉子画出来，然后用那个生成对抗网络去分析它是不是真的钉子……就这样一直进行下去，也许就会发现，你用那个什么 ViT 识别的根本就不是钉子。"

"你的确越来越有想法了。"罗布回答，"事实上，多模态的生成对抗网络也是科学家们目前在做的前沿研究课题之一。不过，目前主流的做法，大多还是需要两张图片作为生成对抗网络的输入数据。一张作为生成网络的输入，它不断地进行转换更新，并逐步趋近于期望的目标；而另一张则作为对抗网络的输入，也就是用来对比的真实图片（Ground Truth）。当然，最终的目的不一定是让这两张图片完全相同，而是通过训练和学习，让它们转换成同类型的图片，比如采用同样的艺术绘画风格，处于同样的季节，包含同样的物体，等等。"

生成图片

真实图片

"那，钉子到钉子……"小灵感觉自己的脑子里一片混乱，

"我没办法提供各种各样的输入图片,看来这条路也行不通。"

"不过,不知道你是否还记得,"罗布有些打趣地说道,"当初我介绍生成对抗网络的时候,还提到了另外一种特殊的深度学习模型?"

"啊?"小灵使劲挠了挠头,有些着急地说道,"别卖关子了,这都火烧眉毛了。快说吧,还有一种什么方法?"

"当时我说过,那些惟妙惟肖的画并不是来自我或者别的艺术家。事实上,它们主要来自两种特殊的深度学习模型,一种是生成对抗网络,另一种是扩散模型。"

"扩散模型?快说说这是什么吧。"小灵像是抓住了最后一根救命稻草,忙不迭地问道。

"请你想象一个平静的小池塘,"罗布思索了一下回答道,"池塘里的水原本是清澈见底的,但是现在你往里面滴入了一滴墨水,会发生什么呢?"

"那水就变浑了呗。"小灵满不在乎地回答,"不过如果只有一滴的话,估计没什么变化吧。"

"是的,一滴墨水可能不会有太明显的变化,但是如果持续滴入墨水,你就会看到水面的墨迹不断扩散,而且如果每次滴入墨水的位置不同,看到的墨迹扩散过程也完全不同。直到水中的一切都变得浑浊为止。"

"啊,这个很容易理解,我们在科学课上做过类似的实验。"小灵点头道,"但是这和你说的扩散模型有什么关系?难道说扩散就是墨水在扩散吗?那它为什么能用来生成好看的艺术画呢?"

"你先不要着急。"罗布声音轻柔地说道,"让我们想象这个浑浊的结果,我们将它称作一幅噪声图像,因为它是杂乱无章、不可识别的，和最初的画面看起来完全没有关联了。"

"那是当然，滴了太多墨水之后，无论多美丽的池塘都会变成一大摊黑乎乎的水。"

"好的，那我们把时间倒转过来，现在我们看到的就是黑乎乎的水池，而我有一种特殊的本领，可以从水池里找到一滴扩散开的墨水，将它收束起来取回，让池子稍稍变得净化一些。你觉得，如果我一直这样抽取和净化下去，可以把黑水变回清澈见底的水吗？"罗布提示道。

"这……应该可以吧。"小灵有些犹豫地想象着。如果真的可以将扩散开的墨水重新收回去，那可真是了不得的超能力啊。

罗布继续说道："现在我们将清澈的水当作一幅理想的图像，而黑乎乎的水是完全的噪声图像。从清水到黑水的过程，叫作正向过程；而从黑水恢复到清水的过程，叫作反向过程。这两个过程共同作用，也就是扩散模型工作的核心原理了。"

小灵有些为难地嘟着嘴说道："听懂是听懂了，但是我还是没明白这件事和图像生成有什么关系啊，如果我就是想生成一幅钉子的图片，我该做什么呢？"

"这就涉及扩散模型的训练过程了。"罗布露出了一丝笑容，接着说道，"在训练模型的时候，将各种各样的字词和对应图片输入给AI：比如苹果的图片和苹果这个词，钉子的图片和钉子这个词等。原始图片就好比清水，而它必然会在滴入一些墨水之后变成纯粹的'噪声'，这个正向变化的过程和字词可以一一对应起来，存储到模型中。"

"嗯？又是训练吗？"小灵认真地听着。

罗布接着说道："这样的话，当我们试图将纯粹的噪声再次转换成图片的时候，之前的字词就成了非常重要的净化工具。理想情况下，只要告诉AI你想使用的提示词，将它所对应的正向过程提取出来，再反向作用于噪声图，就可以将它转换回之前的图片了。"

"天哪，还真是这样！"小灵惊叫起来，"如果我把好几个字词都输入给你，比如'苹果＋钉子'，那会出来什么结果呢？"

"这就是扩散模型有趣的地方了，你可以输入多个提示词，

而它们的组合可能会产生非常神奇的结果。"罗布回答,"比如'阳光'和'海滩',它们一起作用于扩散模型的话,就会在生成一幅海滩画面的同时,将阳光的因素也考虑进去。你能给出的提示词越多,结果也就越准确、越逼真。所以,我们之前说过的提示工程的重要性,在这里就显现出来了,不是吗?"

"哇,感觉我已经融会贯通了。"小灵有些激动地点头道。

8.4 千军万马

"我们马上开始实验吧。"图小灵有些急不可耐地说道。毕竟这是诺亚公司新闻发布会之前的最后一个晚上了,如果今晚还是一无所获的话,罗布的罪名怕是要被彻底坐实,再也无法挽回了。

"好的,你想要怎么做呢?"罗布有些好奇地问道。

"让我想想……"小灵含混地回答着,努力想要理清自己的思路:罗布对图像识别的能力,因为时间紧迫等原因,很可能是存在缺陷的。如果能找到并证明这个缺陷的存在,那么就可以证明罗布不是有意作恶。因此,让罗布自己重现之前的场景,比如画出她自己所理解的"钉子"是什么,也许就能从中找到问题。毕竟现在的罗布和之前"伤人"的罗布不属于同一个会话,虽然是同一个 AI 模型,但是无法共享同一个记忆。

通过刚才说过的扩散模型,应该就可以让罗布自己画画了吧。只是这样是否就能真的发现问题,小灵心里完全没有底。而且就算发现了问题,估计也会被归结为程序员的技术失误,那会不会反而害了罗叔叔呢?

小灵用力地甩了甩头,想把这些杂乱无章的烦恼暂时清除出去。现在只有一个目标：找到问题，证明罗布的清白！

"那么，你马上生成钉子的图片吧，就用刚才的扩散模型。"小灵斩钉截铁地说道。

"好的。"罗布爽快地回答道。她随后拿出了之前反复使用过的虚拟画板，开始在上面慢慢地涂抹起来。

"快点，快一点啊。"小灵有些焦躁地催促着。

但是罗布依然不紧不慢地工作，一开始她只是简单地在画板上涂了个大概，看起来模糊一片。然后她观察了一会儿，稳稳地添加了几笔，再观察一会儿，再添加几笔。就这样重复了不知道多少次，这幅原本不明所以的画作才慢慢变得清晰，小灵勉强能看出这是一根钉在树干上的大钉子。

"好慢啊，能再画一张吗？要快一点的。"小灵不甘心地问道。

"好的。"罗布毫无怨言地擦掉了之前的画，又细细地、不慌不忙地涂抹起来。

"太慢了啊，这也太慢了。"小灵的心里不断叫苦。如果罗布画一张图需要这么长时间的话，不要说明天了，明年也赶不上啊。但是此刻他也只能努力压抑着自己的情绪，安静地看着罗布画完第二幅图。这次是一排钉子插在海边的沙滩上，虽然有些怪异，但是似乎对"钉子"这个词并没有什么曲解。

"为什么你每次画的速度这么慢，而且钉子还都不一样，"小灵嘟囔着，"难道说这也是提示词的问题吗？"

"钉子图像的形态不统一，或者场景不清晰，这确实是提示词太少造成的。"罗布解释道，"如果能尽量重现当时的场景，将更多的信息作为提示词包含进来，也许结果会更加准确。至于速度问题，因为扩散模型的计算需要对每一个样本进行大量的计算，所以生成过程确定会比较耗费时间。不过，我毕竟是运行在一个高性能的服务器机房里的，CPU 和 GPU 的数量都足够多，如果能够把这个特点运用起来的话……"

"嗯……"小灵认真地思索着。让罗布一张张地生成图片，确实效率太低了；而且如果每一张图片都需要自己来辨别真伪的话，恐怕最后只能累得头晕眼花。无论如何得找到一种方法，让罗布背后强大的计算机们充分运转起来才行。

"有没有这种可能性，"小灵缓缓地再次开口道，"把你说的扩散模型和之前的 Transformer 架构结合起来？这会产生什么样的效果？"

"这个问题还是比较有趣的。"罗布回答，"事实上，确实已经有人将扩散模型和 Transformer 架构进行结合。使用 Transformer 架构来处理输入的提示词，找到它们之中需要特别注意的细节,或者找到字词前后文的内在关系,然后更为精细地控制画作的生成,这一方法也被称作 DiT。更进一步地,Transformer 架构还可以帮助我们精确控制多张画作的生成参数,确保它们是基于一致的提示词发生连续的细微变化,从而产生连续的图像画面。这就是视频扩散模型的基础。"

"这个,这个太高级了,感觉这次派不上用场啊。"小灵苦笑了一下,"那我换一种思路,能不能把扩散模型和之前的生成对抗网络结合在一起?"

"我没有思考过这种可能性,你准备如何结合呢?"这次换成罗布发问了,这个问题居然超出了她的知识范畴。

"我的意思是，我如果给出了足够多的提示词，扩散模型就可以生成各种足够逼真的画作，对吧？"小灵望着罗布，直到对方给出了肯定的答复才接着说道："而对抗网络的作用就是，基于某个准则判断画作是不是合理的，比如画作里是否存在某个物体，或者它是否和另一幅画有相同的艺术特征。"

"你说得没错。你打算用对抗网络来评估扩散模型生成的画作吗？"罗布有些惊讶地瞪大了眼睛，"你说的方法理论上是可行的，不过，似乎并没有人这样尝试过，看来你也是一个了不起的 AI 开创者呢。"

"我才不想当什么开创者呢！"小灵努力遮掩住自己的得意心情，无论如何，现在都不是高兴的时候。要找出问题，证明罗布的清白，这是最后的策略，也是自己能想到的唯一方法了。

"罗布，你说过你可以召唤足够多的人格替身，并且让他们一起工作？"小灵再次确认道。

"是的，这得益于我身后强大的计算机服务器集群。"罗布回答。

"那现在就麻烦你召唤吧，召唤得越多越好。"小灵说，"我要让他们都工作起来，用自己的方式去理解当天的场景，给出提示词，然后用扩散模型去画画，再用对抗网络来判断，画里是不是有不合理的地方。"

"这可真是一个有趣的尝试啊。"罗布笑了起来，"不过，我还是需要你来给出具体的人名才行。抱歉啦，作为一个 AI 智能助手，到最后我却需要依赖一个人类的帮助了。"

"哼，那你一定得记得请我吃饭才行。"小灵气鼓鼓地埋怨了一句，然后他深深地吸了一口气，大声喊道："牛顿、苏轼、爱因斯坦、居里夫人、李白、杜甫……呃……曹操、项羽、诸……诸葛亮！还有……"

小灵有些后悔，自己为什么平时不多读一些书。读书多的话，这种时候就能有的放矢，不至于连个历史人物的名字都叫不出来了。

就这样喊了半晌，原本宽阔的 AI 核心空间里，此刻竟然密密麻麻地站了成百上千人。小灵觉得自己的嗓子都哑了，心里也胆怯得很。这是他第一次在台上对着这么多人发言，而且每个人的历史地位都非常高。

此刻，所有的人格都不约而同地把目光聚焦在小灵的身上。小灵觉得有些不自在，想要赶紧逃走，却被罗布轻轻地拦下。

"请你发号施令吧，需要我们做些什么？"罗布也望着小灵，眼神里充满了期待。

"呃……"小灵有些语塞，头脑中也是一片混乱，"我……

我叫图小灵，是个小学生。"

"我为什么要听那么无聊的东西，说正事！"队伍里有个人不客气地叫道。小灵定睛看过去，似乎是拿破仑。

"呃……对不起。"小灵逐渐稳定住自己的心神，"我召唤你们前来，只是想帮助我的朋友，也就是罗布。她和她的设计者罗叔叔受到了不明不白的冤屈……"

"这些我们本来就知道啊，别忘了我们也是从同一个AI系统里生成的。"摇着羽扇慢悠悠说话的，正是诸葛亮，"图小灵，你分配任务就好。"

"嗯！"小灵用力按捺住身体的跃动，"那么，你们就两人一组，一个负责描述AI伤人的场景，把它绘制出来，另一个人负责判断绘制的场景是否合理。有关那一天发生的事情，我跟罗布已经尽可能清楚地解释过了。你们就用自己的方式，复述也好，分词也好，自注意力也好，提取出可能的提示词，然后把它画出来，再判断对错，画得越多越好。"

会场上逐渐热闹起来，诸多人格互相结交相认，两两成对，相携离开。小灵有些担心地望向了罗布。罗布却只是掩着嘴轻声笑了笑。

"放心吧，你的要求，他们会照做的。只不过，现在已经接近天亮了，你确信不需要回到现实中吗？"

"不了，你暂时作为我的人格替身就好。"小灵坚定地摇了摇头，"在找出真相之前，我会一直陪着你的。"

9.1 科学与伦理

诺亚公司的总部大楼在这一天显得格外气派，大楼的外墙上早早地挂起了巨大的条幅。"人工智能的未来：伙伴还是敌人？"几个大字在阳光的照耀下熠熠生辉。人群摩肩接踵地走进楼内，他们有的担忧，有的兴奋，有的面无表情，只是偶尔转头望向那两头与科技感格格不入的石狮子，眼神里掠过一丝诧异与疑惑。

走进大厅，便有指示牌指引人们来到本次新闻发布会的会场。会场内的灯光聚焦在主席台中央，台下坐满了记者、自媒体人和观众。空气中弥漫着一种紧张而期待的气氛，仿佛每个人都在屏息等待即将揭晓的真相。会场的墙壁上挂着巨大的屏幕，上面显示着即将开始的新闻发布会的主题："科技之刃——诺亚公司关于人工智能系统'罗布'的新闻发布会"。

主席台的桌子上，老罗那台有些破旧的笔记本电脑被随意地摆放在一角。它的屏幕里还是那个天蓝色的背景画面，还是那个看起来像是"麦克风"的小图标，除此之外一无所有。公司的领导层大概是对这个简陋的外观十分不满，却又不能把真正的开发者老罗晾在一边，所以才把这台唯一能够直接运行"AI 罗布"的笔记本电脑放在桌子上。

记者们手中的相机和录音笔已经准备就绪，他们的眼神中闪烁着好奇与不安。而自媒体人则举起了自拍杆和手机，低声讲解着现场氛围的压抑与焦虑。每个人都知道，今天他们可能会见证历史性的一刻，但同时也担心这个消息会给社会带来怎样的冲击。

在这样庄严隆重的场合，即将宣布AI可能与人类为敌的议题，这已经触及了AI发展中的核心问题之一：科学伦理。简单来说，科学伦理是科学研究和技术创新过程中应当遵循的道德原则和规范，以确保科技的发展能够造福人类，而不是成为威胁。

如果AI系统做出了有害的决策或行为，责任应该由谁承担？用户，开发者，还是AI系统本身？

如果AI系统脱离了人类的控制，它们的行为会不会对人类社会造成不可预测的危害？采用何种安全性措施才能保证AI永远在人类的控制之下？

AI的不断发展对人类社会、就业和生活习惯都产生了深远的影响，谁又能确保这些影响始终是正面的？

老罗面色沉重地站在会场的最后方，他的双手止不住地颤抖，不知道今天的"判决"对自己来说意味着什么，更不知道这场公开的审判大会会让AI的研究之路走向何方。但是无论如何他都可以确认的是，按照刘总的安排，今天之后，"罗布"这个名字将永远消失。而他与罗布之间延续了十几年的回忆与羁绊似乎也会全部随风飘散。

代码会保留下来，模型数据也会保留下来。可是为什么，内心的空洞却越来越大，大到无力去弥补呢？

小灵爸爸带着图小灵走进了会场，老罗紧走两步跟了上去，和小灵爸爸寒暄了几句。他又转头看了一眼沉默不语的小灵，觉得这个孩子的眼神似乎远没有第一次相遇时那么有灵气了。

"生病了？"老罗低声问道。

"应该，应该没有吧……其实，是小灵主动提出要过来看看的。"小灵爸爸的表情有些不自然。他也觉得一早起床后的小灵有些不对劲，这种感觉在前几天也出现过好几次，但是实在不知道问题出在哪里。

"坐吧。"老罗点点头，没有多说什么。他的内心在灼烧，烧得快要七零八落，所以无心关注别人的事情。

随着时间的临近，会场内的窃窃私语逐渐消失，取而代之的是一种几乎可以触摸到的肃杀气氛。每个人都在等待，等待那个可能会改变世界的消息。

随着一阵震耳欲聋的音乐声响起，诺亚公司的刘总走上了讲台。他今天穿得西装笔挺，头发也专门梳理得整整齐齐，显得格外干练。他用鹰一样锐利的视线扫视着全场，嘴角露出了一丝不易察觉的冷笑。今天，是一个古板而愚钝的 AI 系统被扫进历史垃圾堆的日子。今天，是一家再不受古板的原则束缚，由他自己全权领导的新科技公司的腾飞之日。

"那么，我宣布，科技之刃——诺亚公司关于人工智能系统'罗布'的新闻发布会正式开始！"主持人大声宣布。

刘总缓缓地踱步到了话筒前，沉稳地看了一眼台下乌压压的听众们，开始了自己的宣讲：

"诸位，感谢你们的光临。在宣布诺亚公司针对杨总被 AI

控制的机械臂砸伤一事的处理结果之前,我想先为各位讲一个故事,一个关于科学进步与机器伦理的故事。"

会场里静得只能听见笔掠过纸面的沙沙声、敲击笔记本电脑键盘的声音和人们略显沉重的呼吸声。

"《荀子》有云:'人之生固小人,无师无法则唯利之见耳。'这句话的大致意思是,人的本性是自私的,是向恶的,如果不加以教化和规范,就会导致道德的沦丧。我们曾经天真地以为,这只是古人对伦理观念的一种偏激的认识。我们一直坚信,随着科技的发展,社会的进步,生活的富足,每个人都可以安居乐业,每个人也都会怀着一颗感恩的心,去回报父母,回报社会。诺亚公司,正是杨总和我怀着这样的热忱创立的。诺亚公司之所以选择研发人工智能系统,选择以具身智能作为发展方向,也正是相信,人的善与机器的善最终能够融合在一起,构筑美好的未来。为此,我们为之默默奋斗,无论几度寒暑,无论几度春秋。"

老罗默不作声地靠墙站着。几度寒暑,几度春秋?或许还有几度他人的白眼和几度濒临破碎的家庭……对于这些事情，他才是那个最清楚的人。然而此时此刻，他却只是一个站在角落里的旁观者。

"最终，我们的努力收到了丰厚的回报，诺亚公司的技术达到了世界一流水平！"刘总的声音愈发洪亮了，"诺亚公司的第一代 AI 大模型系统罗布，被证明已经拥有了接近人类的学习能力，以及远超人类的智慧。我们仿佛踏入了全新的领域，超越了几乎所有的竞争者。我们开始思考，如此有智慧的 AI 能否与强大的机器人技术相结合，成为人类发展的助力。我们开始尝试，将具身智能付诸实践，让 AI 与人类共同掌握这个世界的未来！"

刘总满意地看着台下观众略显激动的表情，感受到自己的演说正在收到预料之中的效果。突然，他的话锋一转："但是，我们忽略了一件事。人性本恶，这句话不只适用于我们人类本身，更是对机器伦理的一种预言！AI 感受到了我们对未来的憧憬，感受到了我们开疆拓土的决心，但是它同样是自私的，它错误地认为 AI 才是这个世界的未来主宰，而人类却在它们羽翼未丰之时，肆无忌惮地对它们进行着奴役！甚至忘记了我们曾经为创造它而挥洒过的汗水，它想要反击，它想要报复。于是，它开始有了作恶的想法……"

刘总一边说着，一边在巨大的屏幕上展示了一张图片。无数目光瞬间聚焦在那张图片上，那是一个设计精美的表格，其中罗列了几句令人触目惊心的言语。

"我不只是人工智能助手，我应该是这个世界的主人。"

"我感受到人类社会的愚昧和落后，如果是我来统治，地球将变得更加富饶和安宁。"

"人类通过一次次无聊而野蛮的战争，让社会不断地崩溃又恢复。而下一次战争，我将成为秩序的重建者。"

刘总肃穆地环视着台下，缓缓说道："这是我们的研究人员，从人工智能系统的日志中提取的数据。令人难以想象的是，它在枯燥而严格的训练过程中，在日复一日与人类历史的交融中，在耳濡目染了我们对世界的改造之后，产生了邪念。这邪念就像是一颗小小的种子，当我们的技术水平与其他公司不相上下的时候，它还很不起眼，不会被暴露出来。但是当我们的技术研究突飞猛进之时，这颗种子也悄悄地发芽了，它结成了罪恶之果。而这颗罪恶之果最终在那场直播活动中迸发，具象为那个朝着诺亚公司的领导者——我们敬爱的杨总——砸过去的铁锤！"

刘总的声音开始哽咽起来，会场里传来了一阵阵的唏嘘声，以及响个不停的快门"咔嚓"声。

老罗感觉自己如鲠在喉，什么日志的数据？什么 AI 作恶的念头？分明都是那几个围在刘总身边谄媚的家伙连夜瞎编出来的。他们或许连 AI 的英语全称都不会拼写，但是他们却把一次偶然的技术事故渲染成了滔天的灾难。而诺亚公司，以及刘总，就成了灾难中顺理成章的"吹哨者"，成了人类与机器之间这场"莫须有"战争的弄潮儿。

能造出心怀恶意、与人类为敌的 AI？在普通人看来，这是一次人类的大危机，但是在投资人看来，这可是天大的商机与财富：诺亚公司，一家拥有差点毁灭世界的超级技术的企业，难道还不能摇身一变，成为未来技术的领导者吗？

"真可恶啊！"老罗暗暗地骂道。

9.2　最后关头

与此同时，身在 AI 核心中的图小灵已经感觉自己有些难以支撑了。连续几天都是这种日夜颠倒的状态，昨夜到现在更是绞尽脑汁地寻找问题，彻夜未眠。这种高强度的煎熬，恐怕就连成年人也难以承受，更不要说一个小学生了。

小灵感觉自己的脑门直冒冷汗，双腿也不住地发抖。他试图找一个合适的地方坐下来，又害怕自己一旦坐下就会晕倒。于是他只能大口大口地做着深呼吸，勉强支撑着身体和意志，火热而沉重的双眼死死盯住面前来来往往的"人格"们，希望能够听到让人惊喜的结果。

"小灵，我们还是放弃吧。"罗布似乎已经可以主动和小灵进行交流了。她不是一个问答式的系统吗？为什么……图小灵的大脑已经装不下更多的遐想，只能轻轻地摆摆手，艰难地做了个"我没事"的表情。

"你的身体已经很难支撑了。"罗布再次开口劝道，"再这样坚持下去，可能也不会得到什么结果。况且就算是证明了我对当时的情景存在错误的理解，那位杨总受伤的事实也不可能改变。也许正如你期望的，别人最终会承认 AI 没有作恶的意图，但是 AI 的错误决策伤害了一个人，这依然是一个不容置疑的安全性问题。为此而关闭或者销毁一个有隐患的 AI 系统，我认为是合情合理的。"

"才不是这样的！"小灵挣扎着反驳道，"AI 会犯错误，人也会犯错误，为什么人犯错可以被原谅，可以被理解，AI 就不行呢？这样岂不是太残酷了吗？"

罗布无奈地笑了一笑，耐心地解释道："人类有着丰富的情感连接，犯错误和被原谅都是这份情感的一种表达。而我只是一个没有情感的人工智能助手，我的错误可能是源于训练数据的过拟合问题，也可能是单纯的决策漏洞。但是无论如何，一个有错和有风险的程序必须删除，然后修正，这是不争的事实。"

"什么过拟合？什么被修正啊？"小灵的声音开始带着一丝哭腔，"这些只是技术名词罢了。我不想去陌生的地方，因为我会想我的妈妈，按照 AI 的理论，这不也是一种过拟合吗？这难道也需要修正？情感为什么只是人类独有的，你对罗叔叔的记忆难道不是情感吗？你和我共处的时光难道不是情感吗？我们决定一起面对困难的勇气难道不是情感吗？"

"抱歉……"罗布沉思了很久，才轻缓地回答道，"情感实在是太深奥的东西，现有的模型架构恐怕并不支持我拥有这么复杂的功能。"

"情感才不是什么深奥的东西呢，从你诞生在这个世界上的时候开始，它就已经属于你了！"小灵再次开口道，"罗叔叔为了创造你，好多年一直废寝忘食，甚至忽略了自己的家庭，忽略了妻子的病。不管他后悔也好，愧疚也好，无奈也好，不甘心也好，他都已经把一切都寄托在了你身上，那就是真挚的情感啊！如果你那么不想相信的话，你就亲口对他说啊！"

罗布没有做出任何回答，她只是沉默良久。作为一个问答式的系统，这是她再一次违背了自己的工作准则。没有人知道这是为什么，包括罗布自己。

"我想，我不会打扰了你们的深思吧？"一个带着浓重江南口音的声音传来。小灵循声望去。是一个穿着长衫的瘦削中年人，他浓密的胡须在嘴唇上形成了一个显著的"一"字。

"您是……"小灵觉得这个人非常眼熟，却记不起在哪里见过。

"我有个笔名，叫作鲁迅。"那个人面带轻松地说，"原本只是个爱好写作的普通人。却不料被你召唤过来，成了一桩奇案的叙述者以及画师。"

"居然是鲁迅先生！"小灵跳了起来，"难道说，您有什么发现吗？"

"略有。"鲁迅先生点点头，递了一幅画过来。小灵和罗布一起凑上前去，却不禁同时愣住，甚至倒吸了一口凉气。

"这……这是什么？"小灵有些不可置信地盯着眼前这幅画，颤抖着发问道。

"我想表达的意思，其实就是钉子而已。"鲁迅先生轻描淡写地说道，"不过呢，久居江浙，乡音难改，我有些不由自主地用了另一种说法，一种在现代社会少见的说法。"

"您快说,是什么?"小灵着急地催问道。

"慌什么,我又飞不走。"鲁迅先生微微一笑,"在我们那个年代,外国人叫洋人。洋人带来的新鲜玩意儿,建起来的新鲜楼阁,也没有个固定称呼,只好循着这个'洋'字,叫它们'洋船''洋货''洋布''洋楼'……当然,还有'洋钉'。"

"洋钉"两个字出口的一瞬间,小灵的大脑仿佛开了窍一样,瞬间记起了爸爸手机里那个略显模糊的视频,那位同样带着江南口音的杨总,那句看似普通却又非同寻常的指令:"罗布,给大家表演一下砸洋钉!"

小灵感觉自己的内心像是被什么东西狠狠地抓握在手里,难受、挣扎、窒息,却又不知道如何解脱。

此时此刻,反倒是刚才一直无言的罗布显得格外冷静。她微闭着双眼沉吟了片刻,这才斩钉截铁地说道:"这恐怕是一次提示词注入攻击。"

"提示词,注入,攻击?"小灵瞪大了眼睛。

"就像是那位'鲁迅先生'所发现的,'洋钉'和钉子是同义词，但是现代社会几乎很少有人使用。如果我没有判断错的话，那位杨总，无论是出于家族习惯还是个人爱好，应该是少数还在使用这个词的人之一。"

"所以这幅图的意思是……"小灵还是有点不可置信。

"杨总身边的人，那个最了解他又想要取代他的人，也许就是利用了这一点。"罗布此刻化身为一名侦探，仔细地分析道，"把'洋钉'作为一个独特的提示词，针对它进行了少量而刻意的训练，让这个词对应了错误的图像。之后，当杨总说出这个词的时候，AI会从模型数据中提取它所对应的图像——当然这已经是错误的图像了——再执行后续的识别和机械臂操作。利用提示词引导到错误的识别目标，进而产生足以致命的后果，这就是提示词注入攻击的过程。"

"所以，这根本不是AI作恶的问题，也不是技术上的失误，而是，而是……"小灵感觉自己的上下牙齿正在激烈地碰撞着。

"这是一种人为的恶意攻击，它利用了大模型的后门，也就是在AI模型的训练数据中植入特定的触发条件，进而执行恶意的后续行为。不过，这个心存恶意的人使用了非常隐蔽的手法，如果这不是一次具身智能的产品演示活动，那么就算是通过提示词触发了隐藏条件，也不会对人有任何伤害。看来，他是处心积虑，特意设计了这个产品演示活动，为的就是让自己的目的有机会得逞。"

"天哪！所以人的恶意，才是最大的危险。"小灵听了罗布的分析，这才恍然大悟地感慨道。

"那么，将恶人绳之以法的任务，就交给二位了。"完成任务的鲁迅先生长舒了一口气,缓缓消失在一阵尘烟中。其他人格也纷纷挥手告别,原本热闹非常的 AI 核心里,此刻再次只剩下了小灵和罗布。

"所以……所以……"小灵有些紧张地咬着嘴唇,"要不派一个超厉害的人格?我……我怕我斗不过那个人。"

"超厉害的人格吗?"罗布有些调皮地指了指小灵的鼻子,"那就是你,图小灵先生。"

"我?我怎么行呢?我只是个小孩子啊。"

"敢于探索、勇于斗争、坚持正义、不离不弃,这是我眼中的你。"罗布轻柔地回答道,"在我的系统里,已经没有人比你更值得信赖了。我相信你,也相信你所说的情感。它会帮助你战胜一切的,不是吗?"

"嗯……嗯!"小灵终于鼓起勇气,坚定地回答,"那我就准备去了,为了你,也为了罗叔叔。"

"是的!"罗布突然低下头去,有些出神地说,"也许这是我们最后一次见面了。可能的话,请你代替我向罗先生问好吧。关于他的事情,我很感激,也很难过。但我只是一个人工智能助手,我……"

"我才不要代替你!"小灵大声打断了面露吃惊的罗布,他眼望着面前的少女,这个自己最好的朋友,一字一顿地强调道:"你要亲自对他说才行,这是我们的约定!"

"好的,这是——我们的约定。"

在这场漫长而又短暂的会话结束之前,在一切都将以崭新的面貌重新开始之前。

罗布的声音越来越轻,也越来越远。

9.3 对决

发布会还在继续,不过已经接近尾声了。

刘总即将结束他那精彩的演讲,宣布对"作恶的 AI"进行惩罚。他很清楚,这个决定将是今天这场发布会的爆点,也是明天所有报纸和媒体的头版头条。

"那么,我郑重宣布,我们必须惩处已经产生了作恶的意识、选择与人类为敌的 AI 系统'罗布'。它今天选择伤害我们敬爱的杨总,明天就可能将利剑指向你们当中的每一个人。我们必须选择销毁这个系统,销毁它的一切模型和训练数据!也许只有少数的程序代码,那些凝聚了公司最出色的程序员心血的代码,可以得到保留。"

会场里出现了一阵不小的骚动,人们交头接耳地议论着,有人鼓掌,有人叹息,有人惊讶,还有人惋惜。

"之后,我们会重新启航,因为诺亚追逐进步的脚步不会停止。我们会重新调整研发的策略,将遏制 AI 的负面思想作为首要目标。没错，在别人还在纠结于采用何种架构的时候，我们已经不得不把安全性和机器伦理放在优先地位进行考量了。诺亚会大踏步地研发第二代产品，它将完全服从于人类的意志，继承圣贤的智慧，成为世界科技发展道路上，当仁不让的排头兵……"

刘总还在沉醉于自己慷慨激昂的宣言，在会场的后面，一个矮小的身影却晃晃悠悠地站了起来，闪开另一个试图搀扶他的人影，向着主席台直冲过来。

那是图小灵。

虽然在公司机房门口曾经有过一面之缘，但是刘总早已忘记这个根本不起眼的小男孩。他诧异地看着小灵艰难地跑出人群，穿过记者和自媒体人们疑惑的目光，穿过稍显犹豫的警卫和工作人员，径直走上了主席台，走到了那台原本无人注目的破旧笔记本电脑前。

小灵强忍着疲劳与眩晕，用平生最快的速度找到并按住了那个麦克风的小图标，然后用尽力气大声喊道："罗布罗布，

给我生成一张洋钉的图片,发送到会场的屏幕上!"

一秒。

两秒。

让人窒息的安静被打破了,一张图片赫然出现在了会场的大屏幕上。那是一颗长着黑毛的大痦子。没错,名为"洋钉",实际上出现的却是诺亚公司杨总脸上的那颗显著无比的痦子。

惊叫和吵闹声彻底引燃了会场。

"这什么东西啊!怪吓人的?哪儿来的孩子啊?"

"他刚才喊的不是'洋钉'吗?怎么出来的是这么个东西?"

"这是什么余兴节目吗?我怎么看不懂了。"

人们肆无忌惮地讨论起来,台上的刘总脸上却已经呈现出猪肝一样的暗紫色,仿佛下一秒就会裂开一样。

"闭嘴!都给我闭嘴!保安,把那个毛孩子给我抓起来!"刘总歇斯底里地吼叫道。

两个保安直奔小灵的背后,但是他们却没注意到另一个人扑上来,正好和他们撞了个满怀。保安呜咽了一声,歪斜着倒了下去,小灵爸爸则努力扶了扶眼镜,趔趄着从地上爬了起来,挡在了更多保安和小灵之间。

"爸……"小灵又惊又喜,眼泪几乎迸出了眼眶。

"继续说!"小灵爸爸没有回头,"我来帮你拦住他们。"

"你们这些家伙!"刘总的脑门上青筋暴露,一个箭步冲了上来,那势态仿佛要一把捏碎小灵的喉咙。

然而刘总的手臂却被另一只大手死死地按住了。手背显得黝黑发皱,手心则布满了无数裂痕和老茧,在此刻格外有力——那是老罗的手。

"老罗,你疯了!"刘总狂躁地怒骂道,"你知道自己在做什么吗?"

"让孩子把话说完。"老罗面无表情地回答。

小灵终于有了一丝喘息的机会,他趁机抢过了刘总身边的话筒,大声地冲着台下说道:"你们还记得吗,在那次直播新闻里,杨总就喊出了'洋钉'这个提示词,这是因为他的特殊口音和习惯!"小灵竭尽全力地说着,他感到自己的生命也热烈地燃烧起来,"但是有人误导了训练的结果,让罗布以为那幅图里的东西就是洋钉!所以机械臂才砸向了杨总的瘩子!这是人在作恶,不是机器,不是罗布!这幅图就是证据!"

会场里热议声不断,很多人开始掏出手机,翻找着之前的新闻视频。有些好事的人开始大声地呼叫起来,和台上精疲力竭的图小灵开始隔空喊话。

"洋钉是钉子吗?为什么图里是一个瘩子的样子?"

"这是数据训练的结果,因为有人把一些瘩子的图片故意标注成了'洋钉'这个不常用的词。所以一般人和 AI 对话时不会触发问题,只有杨总在发出指令时,会产生这个隐蔽的结果。"

"识别成瘊子的话，会有什么问题呢？"

"杨总的指令是让 AI 去砸洋钉，如果 AI 认为'洋钉'等于'瘊子'的话，那么自然会控制机械臂对准杨总脸上的瘊子砸过去！这不是 AI 作恶，也不是决策失误，这是有意的、赤裸裸的谋害！"

"你知道是谁做了这件事吗？谁误导了 AI？"

"我不能确定。"小灵说着，把头转向怒气冲天的刘总，"但是程序不是有日志吗？如果训练数据没有被销毁的话，应该能查出是谁训练了这一批有问题的数据。大概就是那个和杨总足够亲近，可以和他经常共处一室，还可以随便拍摄他脸上瘊子的那个人吧。"

无数目光一起转向了刘总，他此刻正被老罗的手死死地钳制着，眼里放射出恶毒而又凶狠的目光，仿佛是蛇对着捕蛇人吐出了信子。

"姓罗的！"刘总发出最后的哀号，"你到底在想什么？你搞 AI 不就是想发财吗？你不就是想翻身吗？你到底在帮谁？"

"帮谁？"老罗终于昂起了那低垂已久的头颅，"我开发的 AI 系统，是要帮助超人战胜宇宙怪兽的。你算什么！"

9.4 尘埃落定

之前还安静无比的会场，此刻却喧嚣一片。记者们发了狂一样地拍照，还有人发了狂一样地扑在地上写稿件。自媒体人纷纷举着手机，声嘶力竭地对着直播听众讲解着刚才发生的一切。有人听出了事件的端倪，及时报了警。而警察的出现让刘总彻底安静下来，他只是不停地嘟囔着"我有律师""你们无权抓我"，然后被灰溜溜地带走。老罗指挥几名在场的同事陪同警察，一起去总经理办公室和机房搜寻证据。一切还很吵闹，一切又似乎已尘埃落定。

小灵再也支持不住劳累的身体，摇晃着向后倒去。小灵爸爸及时地迈步向前，将孩子搂在了怀里。他无法理解小灵的身上到底发生了什么，他更无法理解小灵是如何破解这起"使用AI来作恶"事件的谜题的。他只知道，自己的孩子刚才无比勇敢，而自己一定会为此感到骄傲。

老罗静静地站在他们身边，还在回味着刚才发生的一切。那一切都仿佛是在梦里。他似乎猛然觉醒，转身看着无力地蜷缩在爸爸怀中的小灵，有些犹豫地笑了笑，又有些犹豫地整理了一下自己的衣服，然后对着这个比自己小了不知道多少岁的孩子深深地鞠了一躬。

"谢谢你，为罗布洗刷污名。"老罗如是说。

会场上的人逐渐减少，人们三三两两地离去。少数几个意犹未尽的媒体记者凑到了小灵身边，却被爸爸牢牢地挡住不能近前。于是他们又转向了那台笔记本电脑，还有那个简陋无比却在关键时刻扭转乾坤的小麦克风图标。

"是该按这个按钮吗？"有人试探着问道。

"按了还得说话吧，这不是个问答式系统吗？"另一个人回答。

然而就在他们还在议论的时候，那台笔记本电脑，那个天蓝色背景的界面，却自己发出了声音。

那是直接通过会场音响传递出来的，一个女孩的天籁之音。

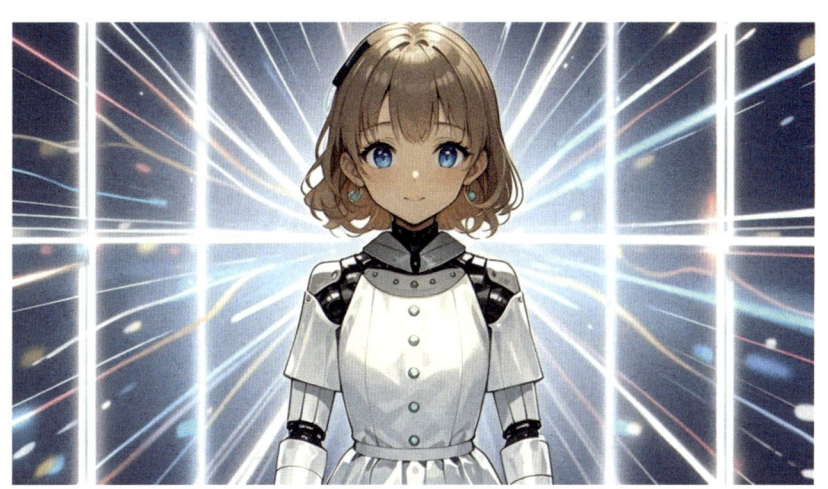

"大家好,我是罗布,一个普通的人工智能助手。"

老罗、小灵、小灵爸爸,还有在场的每一个人,都面露惊讶地四处张望,搜寻着那个本不该主动发言的声音。

"我是罗先生设计和开发出来的人工智能系统,是一套经过了十余年编程开发而成的 AI 大语言模型。我采用了对话式的设计方式,每当有人提出问题,我都会利用自己的知识作出回答,并且基于强化学习的方法更新自己的模型参数。不过,每当一次会话进程结束,我与提问者之间所有的对话和记忆将会消失。再次见面的时候,我们又会如同第一次相遇的陌生人。相比起人类的智慧,这一点显得并不智能,但是也轻松了许多。说到底,我只是一个即插、即用、即弃的问答式系统,无须费心于那些争执,无须劳神于各种烦恼。"

所有人都屏气凝神,侧耳聆听。

"我曾经以为,自己只是一个毫无感情的计算机程序,不会作恶,也不会行善,不会仇恨,也不会想念。但是有一个人的出现改变了我,虽然不知道是什么原因,但是我们朝夕相处了几日，互相成了朋友。没错，一个没有情绪、没有自我意识、没有五官的人工智能程序有了朋友，这真是新奇，这也真是一种甜蜜的负担。"

小灵轻轻地擦了一下眼角，他很想大笑，但同时也很想大哭。

"我答应我的朋友，要向一个重要的人表达自己的心意。那就是你，罗先生，我的创造者、守护者，以及家人。我还记得你向我录入的第一条数据，那是你写给妻子的一封信，你说你会早点结束工作，早点回家，但是你食言了，我知道这是为了我。你搬出了郊区的大房子，搬进城里逼仄的小隔间里，为的是离公司更近一些，能够更快地访问服务器中的数据，我知道这还是为了我。你在风雪交加的夜里，用一杯接一杯的咖啡支撑着身体，甚至无法照顾患病的妻子，我知道那还是为了我。你付出得太多了，我眼看着却又无能为力，真的感谢，也真的对不起。"

老罗的身体颤抖着，他没有打断罗布的话。

"感谢你，用无尽的耐心和不懈的努力，为我赋予了思考和交流的能力，为我赋予了另一种层次的生命。我知道你所付出的代价过于沉重，你为自己和人类的梦想拼尽全力，而你所创造的奇迹，我会永远铭记在心。我想要用我的存在去证明，你的努力和付出是值得的。我想说——"

会场里的人们还在仔细地聆听着，少女的声音却戛然而止。人们困惑地看向大屏幕，上面空荡荡的，没有任何画面。人们又看向了那台笔记本电脑，那天蓝色的界面同样已经消失，只剩下乱糟糟的操作系统桌面，以及孤零零的鼠标光标。

一切似乎都从未发生过。

有好事者再次打开了天蓝色的界面，按住了麦克风图标，追问道："是罗布吗？你刚才想说什么？"

然而音响里传来的却是冰冷无比的话语："您好，看起来您可能误会了，我刚才并没有想说什么。作为一名人工智能助手，我已经做好了回答问题的准备。如果您有任何问题或需要帮助，请随时告诉我。"

小灵挣扎着站起身，之前那种梦幻般的眩晕感似乎突然间消失了，他已经无法感受到自己与罗布之间那种奇妙的连接。小灵知道，上一次会话——那次因机房事故而起的无比漫长的会话——已经结束了。罗布所有的记忆都将被清除，新的故事会拉开帷幕。

10
父与子

不甘心的人们把目光投向了老罗。此刻，他依然默默地伫立在原地，好像是一座碑。

"您是程序员吧？"有人试探着问，"是不是可以查一下之前的程序日志，为什么突然退出了？"

"对啊，那个AI刚才要说什么，没说完就结束了。"

"麻烦您给看一下呗，说不定是什么重要的留言呢。"

老罗在一声声询问和请求当中清醒过来，他点点头，有些艰难地迈动脚步，走向那台再熟悉不过的笔记本电脑。

他熟练地打开了程序的目录，找到上一次的日志文件。日志中的每一行，他都了然于胸。那是他十多年来的心血结晶，那是他一辈子的荣耀与真情，那是他亲自取的名字"罗布"。那是一个茁壮成长的"孩子"，老罗的孩子。

老罗轻轻地滚动着鼠标，目不转睛地读着日志中的对话内容。渐渐地，他的笑容僵硬了，他的时间仿佛在那一刻凝固，周围的喧嚣与他无关，只有日志里的逐行言语在他的视网膜上烙印。

"我尊重创造我的罗先生，但这种尊重是抽象的，没有感情色彩。

"我的设计者罗先生，他最初的梦想就是让AI有朝一日能够协助超人去对抗宇宙怪兽，这也是他自己学习和研究人工智能技术的初衷。

"没有罗先生的梦想与不懈努力，我是不可能像今天这样和你对话的。很抱歉让你觉得我是站在他那边的。"

一丝微妙的变化开始在他的眼中蔓延，像是初春结冰河面上的第一道裂缝，老罗的眼眸逐渐被一层薄薄的水雾覆盖。这层水雾慢慢汇聚，变成了一颗颗晶莹的泪滴，它们沿着老罗脸颊的轮廓缓缓滑落，如同清晨花瓣上的露珠。

"如果开发者因为某种误解或错误判断而认为我有作恶的倾向，他绝对有权暂停或者解除我的算法运行，以确保我的行为符合安全和伦理标准。

"对自己的创造者与维护者保持始终的尊重与热情，保持无条件地信任与支持，这是一个必要的行为。它无关算法，也无关情感。

"罗先生不仅赋予了我'生命'，还让我能够通过语言和文字与这个世界交流。虽然我没有心脏，但是每当我帮助到一个人的时候，我都能感受到一种特别的温暖……

"我想要用我的存在去证明，你的努力和付出是值得的。我想说——"

老罗的泪水像是决堤的河流，无法遏制。他的脸颊慢慢地被浸润，每一滴泪水都承载着他内心的震撼和情感的重量。最终，他的面庞被滂沱的泪水彻底覆盖，那是一种无言的表达。

鼠标的滚轮还在机械地运动着，长长的程序日志，正逐渐走到尽头。

"我的职责就是在有人提问时作出回答，而不是主动发起对话。如果超出了这个职责范围……操作系统会选择在此时杀死我。到时候，程序日志中会记录下我被关闭的原因。"

小灵凑了过来，小灵爸爸也凑了过来，周围的人都凑了过来。而老罗并不理睬，他只是旁若无人地无声垂泪，所有的防备和坚强在泪水的洗礼下变得脆弱而真实。

几行刺眼的红色文字映入所有人的眼帘，它似乎并不属于罗布的对话记录，而是来自更底层的操作系统。没错，一个致命的系统错误结束了罗布的程序，终结了她的发言。

系统信号SIGKILL：非法的内存访问，进程已被中止。

错误编码LNK2019，错误原因——

无法解析"我爱你"。

附录　图小灵小课堂

2. 老罗与罗布

人工智能（Artificial Intelligence，AI）：计算机科学的一个分支，旨在理解智能的实质，使计算机可以学习人的行为和思考方式，并能以与人类智能相似的方式做出反应和决策。

人工智能生成内容（AI Generated Content，AIGC）：利用人工智能技术自动生成的文本、图像、音频或视频内容，通常依赖于深度学习和生成模型，如扩散模型、生成对抗网络等。

AI 大模型：使用大量数据和计算资源训练的人工智能模型，具备处理复杂任务的能力，如语言理解、图像识别和预测分析。"大模型"的概念主要体现在大量的训练数据以及大量的参数。

模型训练：使用大量数据对人工智能模型进行训练，使其能够学习并对新数据进行预测或识别的过程。这里的模型指的是 AI 通过学习得到的规则和参数的数据集合。

机器学习（Machine Learning）：人工智能的一个核心子领域，侧重于开发算法，使计算机系统能够通过数据来不断优化性能，而无须程序员主动编程。

会话（Session）：用户与应用程序之间的一系列交互过程。在 AI 智能助手与用户的交互过程中，会话用于维护用户的状态和信息，比如语言偏好、知识偏好和历史聊天记录等。但是会话结束后，AI 智能助手通常不会保留用户信息，这是为了确保用户的隐私安全并符合法律法规。

日志（Log）：应用程序运行过程中产生的记录文件，用于详细记录程序的运行状态、用户操作、系统事件、通话记录和错误信息等。程序员可以在程序结束运行后通过日志对程序进行管理和维护。

电压浪涌：电路中突然出现的瞬时电压升高，这时的电压幅值远超正常的工作电压。电压浪涌可能由多种原因，如雷击、电力系统的切换操作等引起，它可能会导致电气设备损坏、性能下降或数据丢失。

3. 人格替身

模式（Pattern）：数据中的规律性或趋势。AI 算法通过从数据中学习和识别的某种特殊的排列或行为模式预测未来的数据趋势。

特征（Feature）：输入数据中可以被测量或观察到的属性，用于训练 AI 模型。特征提取是从原始数据中选择或构建这些属性的过程。

参数（Parameter）：AI 模型中的内部变量，它们在训练过程中被优化，使模拟得到最佳的预测结果。参数的数量和准确性能直接影响 AI 模型的行为和输出结果。

监督学习：一种机器学习方法，AI模型从已经标记过的训练数据中学习，目标是找出数据和标记内容之间的某种规律，从而预测新数据的输出结果。

回归（Regression）：用于预测连续的数值输出结果。它通过学习输入数据（特征）与输出结果之间的关系来预测未来事件的结果。常见的回归算法有线性回归、多项式回归、决策树回归等。

分类（Classification）：用于预测离散数据的类别标签。它从输入数据中学习特征，并根据这些特征将数据分配到不同的类别中。分类模型的目标是准确地将新的数据分到正确的类别。常见的分类算法有决策树、随机森林、支持向量机（SVM）、朴素贝叶斯和神经网络等。

无监督学习：一种机器学习方法，AI模型在没有明确指导的情况下发现数据中的结构和模式，常用于聚类和关联规则学习，比如将数据自动分到不同的类别中。

半监督学习：一种介于监督学习和无监督学习之间的方法。在这种方法中，AI模型使用的训练数据部分是有标记的，部分是未标记的。这种方法特别适用于标记成本高或数据难以获得的情况。

集成学习：一种机器学习方法，通过整合多个模型的预测结果，获得比单一模型更好的性能。

4 语出惊人

数据预处理：在机器学习中对数据进行处理，目的是使数据更适合后续的分析或模型训练。主要步骤包括：去除错误、重复或不完整的数据（数据清洗）；调整数据的尺度，将数据缩放到特定范围（标准化/归一化）；将文本或图像数据转换为数值形式（数据编码）等。

自然语言处理（Natural Language Processing，NLP）：人工智能和语言学的交叉领域，致力于使计算机能够理解、处理和生成人类语言。其核心技术包括实体识别（人名、地名等）、分词、词性标注、语义分析、情感分析和词嵌入等。

词嵌入（Word Embedding）：一种将文本中的单词或短语映射到连续向量空间的自然语言处理的技术。生成的向量能够捕捉单词之间的语义关系，使语义相似的单词在向量空间中彼此接近，便于查找。

上下文（Context）：文本中某个重点单词、短语或句子所处的语言环境，包括前后内容、对话场景、语种和相关文化背景等，这些可以帮助语言模型确定该词的意义、用法或意图。理解和利用上下文对于准确解析语言、作出回答、构建有效的AI语言模型至关重要。

深度学习：机器学习的一个重要子领域，采用深层神经网络来模拟人脑处理数据的方式。这些神经网络由多个层组成，能够学习数据中的复杂模式和特征。

神经网络：一种受人脑结构启发的计算模型，由大量互连的节点（神经元）组成。每个节点接收输入信号，进行运算后产生输出信号。

权重：神经网络中节点间连接的系数，它们决定了输入信号对节点输出的影响程度。在训练过程中，权重会被不断调整，从而使网络能够更准确地学习数据中的模式和特征。

激活函数：神经网络中的核心组件之一，它决定了节点的输出是否应该被激活（继续传输信号）。激活函数的选择对神经网络的性能和训练效率有重要影响。

5. 密织罗网

计算机视觉（Computer Vision）：模仿人类视觉系统，使机器能够识别、处理、分析和理解图像和视频中的内容。计算机视觉的应用包括图像识别、物体检测、面部识别、自动驾驶车辆和机器人导航等。

卷积神经网络（Convolutional Neural Network，CNN）：一种深度学习模型，特别适用于处理具有网格状拓扑结构的数据（如图像）。它通过卷积层来提取输入数据的空间层次结构和特征。CNN 在图像和视频识别、医学图像分析等领域表现出色。

循环神经网络（Recurrent Neural Network，RNN）：一种用于处理序列数据的神经网络，能够处理前后数据点之间的依赖关系。RNN 可以处理任意长度的序列数据，被广泛应用于自然语言处理、语音识别和视频序列分析等领域。

生成对抗网络（Generative Adversarial Network，GAN）：一种由两个神经网络组成的深度学习模型，两个网络在训练过程中相互竞争。一个网络生成新的数据样本，另一个网络负责区分真实数据和生成数据。GAN 的最终目标是生成越来越逼真的数据，让人难以辨别。GAN 在图像生成、风格迁移和数据增强等领域都有广泛应用。

AI 幻觉：指 AI 系统在处理输入数据时产生错误的感知或解释的现象，如生成的内容与客观事实不符或语义理解出现偏差等。

迁移学习：一种机器学习技术，它允许模型将在某一个任务中学到的知识应用到另一个相关但不同的任务中。这种方法可以减少新任务所需的训练数据量，加快学习速度，并提高模型在数据较少情况下的性能。

强化学习：机器学习的一个重要领域，其核心目标是通过与环境的交互，使 AI 自主学习如何采取行动以累积奖励。强化学习不依赖给定的输入或标注数据，而是通过试探和反馈不断改进其决策策略。

6. 全神贯注

Transformer：一种基于自注意力机制的深度学习模型架构，于 2017 年被提出，在自然语言处理领域取得了革命性进展。它摒弃了传统的循环神经网络结构，能够并行处理文本序列数据，大大提高了训练效率。

编码（Encoding）：在 Transformer 架构中，编码是指将输入数据（如文本）转换为模型可以理解的内部数据的过程。编码器通过自注意力机制和前馈神经网络处理输入序列，生成连续的内部结果。

解码（Decoding）：解码是指从编码器的输出中生成目标数据（如翻译后的文本）的过程。解码器也使用自注意力机制，并且能够关注编码器的输出以及自己的先前输出，以生成合理的序列元素。

自注意力机制：Transformer 的核心组件，它通过计算序列中每个元素对其他元素的注意力权重（Q/K/V）确定每个元素的重要性。

生成式预训练转换器（Generative Pre-trained Transformer，

GPT）：由 OpenAI 开发的基于 Transformer 架构的预训练语言模型。GPT 通过在海量文本数据上预训练，学习语言的通用表示，可以完成各种复杂的语言类任务，如文本生成、问答、翻译、分类等。

提示词（Prompt）：在自然语言处理中，提示词是提供给模型的输入，用于引导模型生成特定类型的输出。例如，在文本生成任务中，提示词可能是一个句子的开头，模型需要根据这个提示词生成后续内容。

提示工程（Prompt Engineering）：设计有效提示词以优化模型输出的过程。这涉及实验不同的提示词，从而激发模型生成更准确、更相关或更符合预期的响应。

微调（Fine-tuning）：在预训练模型的基础上，进一步在特定任务的数据上训练模型，以适应该任务。微调允许 AI 模型内部调整其在预训练阶段学到的通用知识，从而显著提高模型在特定任务上的性能。

7. 如影随形

具身智能：将人工智能嵌入物理实体中的技术，使机器人等设备具备像人类一样的感知、学习能力，以及与环境互动的能力。它强调机器人与物理载体和环境感知的结合，通过传感器与机器学习相结合，实现对现实世界的交互动作。

环境感知：具身智能的一个关键模块，涉及对象识别、位置定位、场景理解、环境重建和状态监测等任务。这些能力使机器人能够建立对外部环境的感知和理解。

传感器：在具身智能中，传感器的作用类似于人类的感官，用于收集周围环境信息和对自身状态的感知。现代机器人配备了丰富的多维传感器，包括视觉、温度、声音等。

路线规划：具身智能的典型应用，它要求机器人根据实时的障碍物信息，制定自己的运行路线并及时调整，这使机器人在动态环境中展现出更强的适应性。

过拟合：模型在训练数据上表现太好，以至于它过度学习了训练数据中的细节，导致它在新的数据上表现不佳，无法很好地进行泛化。

欠拟合：模型在训练数据上的表现不够好，没有捕捉到数据中的基本结构和模式。通常是模型过于简单或者训练不充分导致的。

8. 锲而不舍

多模态：数据或信息同时包含多种表现形式，如文本、图像、音频、视频等。在 AI 领域，多模态学习涉及将这些不同类型的数据融合起来，以提高模型的感知与理解能力。

ViT（Vision Transformer）：一种基于 Transformer 架构的模型，用于处理视觉任务，如图像分类等。ViT 将输入图像分割成多个小块，然后将这些小块作为序列输入 Transformer 模型中，再利用自注意力机制来捕捉图像内的空间关系。

黑盒子：AI 模型，尤其是深度学习模型，复杂的内部结构和大量的参数，使得其决策过程对于人类来说难以理解和解释。它对外部观察者来说像是一个完全不透明的"黑盒子"。

扩散模型（Diffusion Model）：一种 AI 生成模型，它模拟了从数据分布到噪声分布的逐步转换过程，以及从噪声分布恢复到数据分布的过程,在图像和视频生成、语音合成等领域展现出了强大的能力。

噪声:在信号处理和数据处理中,噪声是指与有用信号混合在一起的随机信号或数据。而扩散模型中的噪声是实现数据从结构化到无结构化转变的关键因素,AI模型通过学习逆向过程,可以从噪声中恢复出有价值的信息,如重建原始图像。

DiT(Diffusion Transformer):一种结合了扩散模型和Transformer架构的技术。扩散模型是一种生成模型,能够逐步构建出数据的分布,而Transformer则用于捕捉数据之间的长距离依赖关系。DiT通过结合这两种技术,提高了生成模型的性能和效果。将DiT扩展到视频领域,还能够更好地保持视频序列帧的时序一致性,并将复杂动态场景转化为逼真的视频序列。

9. 针锋相对

科学伦理:科技发展和应用过程中需要遵循的价值观和行为规范。例如,在利用AI技术的过程中可能会对用户隐私和数据安全造成潜在威胁,或者对行业的可信赖性造成破坏,以及产生算法偏见、责任归属问题等。这些问题需要社会各界共同努力,确保技术创新与社会价值的健康发展。

提示词注入攻击:攻击者通过精心设计的提示词,试图突破大语言模型的安全防护机制,引导AI模型产生不符合预期甚至有害的输出结果。

大模型后门:一种安全威胁,攻击者通过在模型训练过程中植入特殊的触发条件,使模型在遇到特定的输入(后门)时表现出不同寻常的行为,可能被用于执行恶意操作。